剖析E

成为克服自身弱点的专家、发现自身优势的伯乐,

弥补自身的不足,找到让自己自信的工具,

创造条件,掌控未来。

发现优势
掌控未来

江一晨◎编著

吉林出版集团股份有限公司

图书在版编目（CIP）数据

发现优势　掌控未来 / 江一晨编著. — 长春 : 吉林
出版集团股份有限公司, 2018.7
ISBN 978-7-5581-5557-4

Ⅰ.①发… Ⅱ.①江… Ⅲ.①成功心理—通俗读物
Ⅳ.①B848.4-49

中国版本图书馆CIP数据核字(2018)第155712号

发现优势 掌控未来

编　著	江一晨	
总 策 划	马泳水	
责任编辑	齐　琳　史俊南	
封面设计	中易汇海	
开　本	880mm×1230mm　1/32	
字　数	200千	
印　张	8.5	
版　次	2019年10月第1版	
印　次	2019年10月第1次印刷	

出　版	吉林出版集团股份有限公司	
电　话	（总编办）010-63109269	
	（发行部）010-67482953	
印　刷	北京欣睿虹彩印刷有限公司	

ISBN 978-7-5581-5557-4　　　　　定　价：38.00元

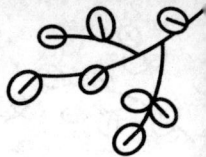

前言

　　在现实生活中，有些人由于潜心忙碌和奔波，却忽视了去发现和挖掘自己的优势，减缓了成功的速度。所以，要想早日登上成功的巅峰，最快的捷径就是：现在去发现你的优势，才能掌控你的未来。

　　发现你的优势，并把优势逐渐放大，你就能找到前进的支撑点。目前，我们有一些人对自身的才干和优势不甚了解，更没有刻意去培养自己根据优势安排生活的能力。相反，在父母、老师、经理的心理学引导下，成为自身弱点的专家，为修补这些欠缺而辛苦一生，却对我们的优势不闻不问，任其荒废。

　　发现你一生的优势，是一个切实可行的成功模式。要发现你一生的优势，首先就要全面地认识自己、了解自己的优势，把你的优势列一张清单。然后要稳固自己的优势，增强自己的实力，不断地优化自己。在此基础上，要做到在实践中伸张你的优势，

让你的优势在实际生活和工作中发挥最大的效能。一生中，你不可能全才全能、面面俱到，但是，只要你竭尽全力把优势发挥到极限，你就一定能取得成功。

通过本书的讲解，来了解如何最有效地将自己的优势和才干转化为个人和事业的成功。

本书从发现你一生的优势出发，阐明了发挥你的优势的重要性，并指导你在今后的实际生活和工作中，去发现自己的优势、稳固自己的优势、发挥自己的优势。本书绝非泛泛而谈的大道理，而是以中外成功者发挥优势获得成功的典型事例为切入点，通过形象而生动的事例，点拨你发现优势的作用，告诉你扩展优势的具体方式和方法，给你的生活以指导。

你也许现在很平凡，但只要你去发现一生的优势，幸运之神就会眷顾于你。不管在什么行业，都要做到发挥你的优势，控制你的弱点。正如麦肯锡所说："坚持你的优势，并把它做得更强。"

你想找到通往成功的快速列车吗？你想成为足智多谋、事业成功的人吗？那就请读一读这本书吧，也许它能给你一生的事业带来转机，为你前行的道路点亮明灯。

目录

第一章 培养自我优势：激发自己最大的潜能

目录 / 发现优势 /

目录

第四章　发挥自我优势：实现自己的人生价值

目录

目录 / 发现优势 /

培养自我优势：激发自己最大的潜能

（一）唤醒心灵：挖掘自己生命的潜能

坚持积极的心理暗示

一个人若进行积极的自我暗示并开发自己的巨大潜能，就会具有超群的智慧和强大的精神力量。如果能做到这样，你就会获得成功。

有一位少妇因车祸导致脑损伤，昏迷了3个月，不少医生认为，她成了一个植物人。但神经外科主任想做最后一次努力，便每天播放几次病人2岁女儿对妈妈的呼唤。一周后，奇迹出现了，这位少妇从昏迷中苏醒，并逐渐恢复了健康。

坚持心理上积极的自我暗示，对于充分挖掘自己的潜能具有以下重大的意义：

①心理暗示是人的自我意识中有意识和潜意识之间的沟通媒介。人的思想行为不可能一切都要有意识地选择和控制，通过经常持久的积极暗示，让自信主动的电流与潜意识接通，这才是真正的具有巨大魔力的自我意识。

②通过心理暗示的作用，把树立成功心理、发展积极心态这个总原则变成了可以具体操作的方式和手段。就是说，转变意识、发展积极心态，就要从心理上的自我暗示做起。

③通过心理暗示这一具体实际、可以操作的环节，你能把内容复杂的成功心理学融会贯通，化为简单明确而又坚定不移的信

心和意志，并且可以立刻行动。心理暗示能够直接支配和影响你的行动，自我意识决定你有无发展、能否成功。

④由于心理暗示的内容是具体的、实际的，所以坚持积极的自我意识也就必然要选择确立自己的目标，而且主要的目标将渗透在潜意识中，作为一种模型或蓝图支配你的生活和工作。

坚持积极的心理暗示，可以帮助你把梦想、渴望、价值观念、奋斗目标深深地根植在潜意识中，并主动地采取行动、付出代价，向着自己期望的目标一步步迈进，埋头走向成功。

激发自己的最大潜能

要充分发挥自己的优势，就要激发自己的潜能，逐渐提升自己的能力。陆军少校华灵说过："如果沉在海底的话，一枚硬币跟一枚值 20 美元的金币价值就一样了。"只有将这些金币捞起来去花，才能显出它们价值的大小。同样的道理，只有当你学会运用自己内在无限的潜能时，你才变得真实而有价值。

在现实生活中也有很多对自己潜能不充分了解而因此给自己设下限制的人。假如这些人能够充分了解及利用自己的潜能，那他们岂不是可以为自己创造更丰富更美好的人生？所以，只有不断地发掘、了解、利用自己的潜能，才能将自己的成就推上一个又一个的高峰。

有一个人自小就非常喜欢绘画，他常梦想自己将来会成为出色的画家。可是他的父母看见他对绘画的兴趣及天分却吓了一跳，因为他们认为以绘画为生是一件很不稳定的工作，于是他们

千方百计地去劝阻孩子发展绘画的潜能。

"你完全没有绘画天分。"他们对孩子所画的图画不但不欣赏，还总是批评。渐渐地孩子开始相信自己对绘画真的没有天分，他对这个爱好失去兴趣，他放下了画笔。再过一段时间，他发觉自己根本不懂得作画。

孩子的父母终于达到了他们的目的。孩子长大以后，做了一名中学的数学教师，这份工作他也算称职，但他总是提不起劲投入工作，不到 30 岁，他已经意志消沉得想完全放弃工作，不过基于对父母及自己家庭的责任感，他咬着牙一直坚持。

一次偶然的机会，有人邀请他替一本教科书画几张插图，他一拿起画笔便再也不能放下。这次，他的妻子企图劝阻他，可是他说："我的父母已经尝试过强迫我放弃自己的爱好，我因错误地听从了他们而浪费了我的潜能。我决不能重复这个错误了。"

不久，他辞去了教书的工作，专职替人画各式各样的插图。他不停地画，希望不久可以举行个人画展。他说："现在我才觉得在真正地生活。"

成功的人能保持积极进取的心态，所以他身上的巨大潜能得到了充分的开发，因而能够获得成功。很少有天生的成功者，成功的关键是把自身的潜能从休眠中唤醒。

一个养鸡场主的儿子生性喜欢冒险。有一天他爬到父亲养鸡场附近的一座山上去玩，意外发现了一个鹰巢，小男孩从巢里掏了两只鹰蛋，兴冲冲地带回养鸡场，把鹰蛋和鸡蛋混在一起，让一只母鸡来孵。孵出来的小鸡群里就有了两只小鹰，小鹰和小鸡一起长大，因而不知道自己除了是小鸡外还会是什么。这两只小鹰起初很满足地过着和鸡一样的生活。

有一只鹰由于成长带来的羽翼渐长，心里就有一种独特的冲动。它不时地想："我一定不是一只鸡！"而且这种念头越来越强烈。

终于有一天，一只老鹰翱翔在养鸡场的上空，那只老是想入非非的小鹰感觉到自己的双翼有一股奇特的力量，感觉自己的心正猛烈地跳动着。它抬头看着老鹰的时候，一种想法涌上心头："养鸡场不是我待的地方，我要飞上青天，栖息在山岩之上。"

尽管它从来没有飞过，但是，在它身上有着飞翔的冲动和力量。终于，那只小鹰展开矫健的双翅，飞到一座矮山顶上，感到从未有过的兴奋。它再飞到更高的山顶上，最后冲上青天，到了高山的顶峰。从此，这只小鹰离开了肮脏的养鸡场，翱翔在广阔的天空中。

而另外一只鹰却认为自己只是一只鸡而已，老天注定了不能飞，所以安静地待在鸡窝里和草丛中是一生的选择，最后它逐步丧失了飞翔的潜力。直到有一天，随着一声惨叫，它被一只鹰叼走了。

成功的人就是从鸡窝里爬出来的鹰，是发掘了自身潜能的那一部分人，成功和失败的区别就像上面寓言中这两只鹰的区别。

并不是每个人都有机会释放自己的潜能，很多能力都是要靠自己深入挖掘才能表现出来的。做事有心机的人总是懂得如何充分挖掘自己的潜能。大部分人都小觑自己的能力，自己限制自身的发展，有小小的成就马上以为自己已经到达巅峰状态，于是不

肯再冒险，坚决不再向上爬，结果白白浪费了自己的潜能，错过无数向前推进的机会。

人的潜能到底有多大？这个问题恐怕是谁也无法回答的。因为按照科学家的说法，人的一生只能利用脑力的 1%，也就是说，每个人都有 99% 的潜能有待挖掘。

我们不知道自己的潜能是因为人都有惰性，如果可以依赖，可以不动脑筋，那么就没有必要发挥出自己的潜能来。这个现象在女性身上最为明显。可是如果一旦失去对男性的依赖，女性往往会爆发惊人的力量，比如离婚的女人，因为有过失败的婚姻，对男性的信任度也下降，因此她们更多地需要靠自己创造生活。而事实上，很多女性已经用自己的行动证明女人的潜能是无限的。原来她们离开男人会生活得更好。

许多时候，父母、老师及其他长者，会为了我们将来有安定的生活而替我们选择一条安稳有保障的路。可是当他们这样做的时候，往往忽略了我们的潜能，造成很大的浪费。因此当我们生活得不如意，觉得未能发挥潜能时，不妨问问自己："父母为我们所创造的自我形象是否有问题？"如果你觉得的确有问题的话，那就表示你的生活方式未能将你的潜能表现出来，你需要改变。

还有一种情况，当别人说"你最在行的是做……""这件事找到你办就确保无误""我早知道你对此事的反应会如此了""你别的可能不行，这个一定行"等话时，将这些话详细地用笔记录下来。做了数星期之后，系统地分析你的笔记，尝试问问自己：我有什么特别的地方？我有什么素质是其他人没有的？我做什么事情时觉得最舒服？我做什么事情做得特别好？我有什么嗜好？我有什么与生俱来的才能？有什么事情我做得特别自然？空闲的时候我会去做什么事情？你会发觉你的行为有一定的模式，原来你一直在人前显露自己某方面的兴趣及才华。这些兴趣及才华很可能是你自己以前从未意识到的，它们会带领你发掘到自己真正的潜能。

选对符合自己特长的目标

人才被埋没大体有两种情况：一种是社会埋没，另一种是自我埋没。社会埋没人才，比较引人注目，有人痛惜，有人不平，有人呐喊，有人改进。而人才的自我埋没——这种埋没也许比社会埋没更经常、更普遍、更严重——却极少有人发现，有人痛惜，有人呐喊。因为，这种埋没是无声无息的，是被埋没者本身都不易觉察的！

哈里·莱伯曼先生是位著名的制药专家，80岁才离开顾问的岗位真正退休。他退休后常到俱乐部去下棋，以此来消磨时间。

有一天，女办事员告诉他，往常那位棋友因身体不适，不能前来作陪。看到老人失望的神情，这位热情的办事员就建议他到画室去转一圈，还可以试着画几下。

"您说什么，让我作画？"老人哈哈大笑，"我从来都没有摸过画笔。"

"那不要紧，试试看嘛！说不定您会觉得很有意思呢！"

在女办事员的一再坚持下，哈里·莱伯曼到了画室。过了一

会儿，她又跑来看看老人"玩"得是否开心。

"太棒了，老先生！您刚才一定是在骗我，您简直是一位名副其实的画家！"她笑着对老人说。

不过，老人刚才说的全是实话，这确实是他第一次摆弄画笔和颜料，以前从未发现自己有绘画的才能。

提起当年这件往事，老人颇有感慨地说："我开始很不适应退休后的生活，那曾是我一生中最忧郁、最难熬的时光。那位女办事员给了我很大的鼓舞。从那以后我每天都去画室，从作画中我又找到了生活的乐趣。从事一项力所能及的有意义的活动，就会使人感到又投入了朝气蓬勃的新生活。"

后来，绘画对于这位八旬老人来说，已经不仅仅是一项单纯的消遣活动了，他对作画已产生了浓厚的兴趣。82岁那年，老人还去听了绘画课，一所学校专为成年人开办的十周补习课程。这是老人有生以来第一次系统地学习绘画知识。第三周课程结束的时候，老人直率地抱怨任课教师画家拉里·理弗斯："您给每一位学员都讲得耐心细致，对我却从来不给予帮助和指导，甚至连一句话也不说。这是为什么？"显然，老人有些不高兴了。

"先生，因为您所做的一切，我自己实在是赶不上，我怎么敢妄加指点呢？"拉里·理弗斯说得情真意切，还自愿出钱买下了老人的一幅作品。

人的潜能有时是极其惊人的。就这样，不到四年的光景，哈里·莱伯曼的许多作品先后被一些著名收藏家购买，并登上了博物馆的大雅之堂。

1977年11月，洛杉矶一家颇有名望的艺术品陈列馆举办了第 23 届画展：哈里·莱伯曼 101 岁画展。

这位百岁老人笔直地站在入口处，迎候参加开幕仪式的四百多名来宾，其中有不少画家、收藏家、评论家和新闻记者。老人身材瘦长，脸上皱纹已深，下巴留着一撮胡须，头发花白，但却精神焕发，衣着整洁，看上去最多不过 80 岁。其作品中表现出来的活力，赢得许多参观者的赞叹。美国艺术史学家斯蒂芬·朝斯特里特热情洋溢地赞美道："许多评论家、艺术品收藏家，透过这种热情奔放、明快简洁的艺术，看到了一个大艺术家的不凡手法。"

人才自我埋没的现象是普遍、严重的。遗憾的是，自然科学只是记录了那些成功的科学家，那些自我埋没了的人是无法问津于科学史的。所以，那些大量的自我埋没了的人我们无从知道。

俄国戏剧家斯坦尼斯拉夫斯基在排练一场戏剧的时候，女主角突然因故不能演出。他实在找不到人，只好叫他的大姐来担任这个角色。他的大姐以前只是干些服装准备这类的事，现在突然演主角，由于自卑、羞怯，排练时演得很差，这引起了斯坦尼斯拉夫斯基的不满和鄙视。一次，他突然停止排练，说：如果女主角演得还是这样差劲，就不再往下排了！这时，全场寂然，屈辱的大姐久久没有说话。突然，她抬起头来，一扫过去的自卑、羞怯、拘谨，演得非常自信、真实。斯坦尼斯拉夫斯基用"一个偶然发现的天才"为题记叙了这件事，他说："从今以后，我们有了一个新的大艺术家……"试想，如果不是原来的女主角因故不能演出，如果斯坦尼斯拉夫斯基不叫他大姐试一试，如果不是他大发雷霆，使他大姐受到刺激而改变羞怯的态度，没有这一切偶

然因素，他大姐这样一位戏剧表演家就一定会被埋没了——不是被社会埋没，而是被自我埋没！

如果你选对了符合自己特长的努力目标，就能够成功；如果你没有选对符合自己特长的努力目标，就不能够成功，就多少会埋没自己的能力。

导致人才自我埋没的原因是很复杂的，主要有下面几点：

①缺乏远大的理想和抱负。一个人如果没有理想、事业心，那他就会庸庸碌碌度过一生。有不少青年人很聪明，很有才干，也很自信，却无所作为，原因是：不想干。一个不想获胜的人永远不会在比赛中得到冠军。不管你有多大的才干，没有远大的理想和抱负，势必会自我埋没。

②错误地选择了努力的目标。天赋在人才成功中起着一定的作用。胡荣华十五岁获得全国象棋冠军，光用刻苦和方法正确很难解释这一点。大多数的人在某些特定的方面有着特殊的天赋和良好的素质，即使是那些看起来很笨的人，也许在某些特定的方面却有杰出的才能。陈景润当数学老师很吃力，却可以进攻世界难题；柯南道尔作为医生并不著名，可他写的小说却名扬天下……每个人都有自己的特长，都有自己特定的天赋与素质，如果你选对了符合自己特长的努力目标，就能够成功，如果你没有选对符合自己特长的努力目标，就不一定能够成功，多少会自己埋没自己。

③严重的自卑感。明显的或者潜在的自卑感都会造成对自己能力的怀疑，从而导致自我埋没。有一个爱好文学的农村青年，写了不少小说，由于自卑，总不敢寄出去。后来在一个朋友的鼓

励下寄出了一篇，很快就发表了。这增强了他的自信心，不久他就成了一个有成就的小说作者。

④缺乏正确的方法、浓厚的兴趣。人才成功是有"捷径"的，学习知识也是有捷径的。这"捷径"就是：正确的方法。如果你不知道记忆的规律和方法，你将事倍功半，而如果你了解记忆的奥秘，你就能事半功倍。

倘若你缺乏正确的方法，那你多少会自己埋没自己的才华。要防止自我埋没，就要做到以下几点：

①善于自己设计自己。根据自己的环境、条件、才能、素质、兴趣等，确定进攻方向，不要埋怨环境与条件，应努力寻找有利条件；不能坐等机会，要自己创造条件；拿出成果来，获得了社会的承认，事情就会好办一些。

②消除自卑感。严重的自卑感会扼杀一个人的聪明才智，另外，它还可以形成恶性循环。由于自卑感严重，不敢干或者干起来缩手缩脚、没有魄力，这样就显得无所作为或作为不大；旁人会因此说你无能，旁人的议论又会加重你的自卑感。因此必须一开始就打断它，丢掉自卑感，大胆干起来。

③防止自我埋没，还应注意方法。多读一些科研方法论的书；多读一些科学家的传记；善于请教别人；善于查阅资料；善于利用你所能利用的一切，就可以最大限度地发挥你的聪明才智，取得成功。

兴趣能激发最大的潜能

一个人一生中选择什么样的职业，兴趣是占主导地位的，有时它比能力显得更重要。聪明人选择职业总是从自己的兴趣出发，找到兴趣与事业的最佳结合。

美国汽车大王亨利·福特幼年时最敬重的两个人，不是他父母，也不是他的教师，而是一个火车司机和他家的一个雇工阿德夫。小亨利七岁时，父亲把他送进了小学校读书。那个学校很小，只有一间教室，小亨利除了对数字的加减很有兴趣外，其余的科目一团糟。

父亲因为儿子不好好学习也不喜欢农场里的牛羊非常生气。

有一天，父亲把儿子带到底特律去。在火车站，小亨利第一次看到火车，他一下子被迷住了。

他久久地站在那儿，不愿再离去。

这时，车站里列车长看到这个孩子一直站着看火车看了很长时间，便好奇地过去问："孩子，你想干什么？"

小亨利说："我想走近看看火车是什么样的，可以吗？"这位长着一脸大胡子的列车长笑起来了，把小亨利抱起来，带他上了火车说："现在，你已经在很近的地方看它了。怎么样，这是不是很了不起？"

小亨利看着火车头里的各种机器仪表，又要求说："可是，我想看它是怎么跑起来的，你能答应我让它跑起来吗？"

这位喜欢孩子的好心列车长答应了他的要求，把火车发动起来，让它跑了一段路。当火车缓缓启动，发出轰隆隆的声响时，小亨利在车头上，十分兴奋地按着汽笛，让它一路嘟嘟叫着。

从此以后，小亨利就常常一个人跑很远的路，到铁路边去看火车，一看就是半天，害得父母不得不去寻找他，并警告他，下次再也不许偷跑出来！

但小亨利却忍不住，还是一次次地跑到铁路边去看。

老福特气得连连叹气："这可怎么好？"

小亨利还特别爱调皮地把家里所有能拆的东西都好奇地拆开，看个明白，什么东西只要到了他的手里，一会儿就会变得七零八落。有一回，他看到父亲的雇工阿德夫有一块怀表，看到那块表上的时针、分针那么有规律地转动着，他十分惊奇：到底是什么使得怀表转动起来的呢？

阿德夫耐心地告诉他各个零件的名称和作用。虽然小亨利还没能完全听懂这些动力与原理，但他已经着迷了。

小亨利的家里人对小亨利很不放心，只要看到他出现，便赶紧把手表、怀表之类的东西藏起来。因为那些价格昂贵的表一旦落到了小亨利的手中，便会在很短的时间内被拆得一塌糊涂。

不久，小亨利得意地向他的伙伴们宣布："我已经能做一只表，一只走时准确的表了！"

火车和各种机械引起了小亨利的兴趣，小亨利在对它们的喜爱中认真地研究，丝毫不觉疲倦。正是这种强烈的爱好与兴趣激发了他的天赋和才能，使他成为汽车大王。

在众多的社会职业中，想从事某种职业的愿望，就表明了你的职业兴趣。在选择职业时，兴趣是必不可少的重要因素。美籍华人杨振宁说："成功的真正秘诀是兴趣。"它是人从事职业活

动的强有力的动力之一。

兴趣是人积极探究某种事物或进行某种活动的倾向，也是推动人去积极思考和创造的内在动力。人对某种事物产生了浓厚兴趣，便会锲而不舍地进行思考和探索。我国古代大教育家孔子曾说："知之者不如好之者，好之者不如乐之者。"就是强调了兴趣对学习知识的重要性。大科学家爱因斯坦也曾说："兴趣是最好的老师。"稳定的兴趣对于人们在事业上做出成就起着重要的作用。

有一次，一个青年苦恼地对昆虫学家法布尔说："我不知疲劳地把自己的全部精力都花在我爱好的事业上，结果却收效甚微。"法布尔说："看来你是一位献身科学的有志青年。"这位青年说："是啊！我爱科学，可我也爱文学，对音乐和美术我也感兴趣。我把时间全都用上了。"这时，法布尔从口袋里掏出一个放大镜，说："把你的精力集中到一个焦点上试试，就像这块凸透镜一样。"法布尔就是用"聚焦"的比喻提示这个青年要有稳定的兴趣。

在选择职业时，求职者不妨多问一问自己，我喜欢这种职业吗？我喜欢干这种工作吗？只有有了兴趣，人做事才会有积极性。研究表明，一个人如果怀着兴趣从事某种工作，能发挥他全部才能的80%以上，并且工作过程中有创造性、主动性，不易疲劳，效率高。即使这是一个在别人看来枯燥无味的工作，从业者也会觉得乐趣无穷。兴趣是影响求职择业人才流动的重要因素之一，兴趣是职业成功的重要保证。

爱因斯坦说："兴趣和爱好是最好的老师。"郭沫若说："兴趣出于勤奋，勤奋出天才。"大凡在事业上有所建树的人，都对他的事业有浓厚的兴趣。兴趣使得才能有发挥的契机，更是成才的基础。

曾经有位中学生向世界首富比尔·盖茨请教成功的秘诀，盖茨说："做你所爱，爱你所做。"要选择好工作，首先要找到自己的兴趣所在："我喜欢做什么？我最擅长什么？"一个人如果能够根据自己的爱好去选择事业的目标，他的主动性将会得到充分发挥。即使十分疲倦和辛劳，他也总是兴致勃勃，心情愉快；即使困难重重他也绝不灰心丧气，而去想办法百折不挠地克服它。爱迪生就是一个好例子。他几乎每天在实验室里辛苦工作18个小时，在里面吃饭、睡觉，但他丝毫不以为苦。"我一生中从未做过一天工作，"他宣称，"我每天其乐无穷。"

在选择事业方向时，不要问自己可以赚多少钱或可以获得多大名声，而应该问自己哪些工作自己最感兴趣且可以最充分地发挥自己的潜能，要选择那些能促进自己的发展、使自己雄心勃勃、将来会有所成就的事业。

（二）赏识自己：其实你比别人更优秀

肯定并相信自己

自信是使人走向成功的第一要素。如果你真正建立了自信，那么你就已经迈入了成功的大门。一个人魅力表现上的差异，背

后的本质其实是自信的差异。人是自己命运的舵手，自信就是掌控人生小舟的舵。

古希腊有这样一个故事。

大哲学家苏格拉底在临终前有一个遗憾——他多年的得力助手，居然在半年多的时间里没能给他寻找到一个优秀的闭门弟子。

事情是这样的：苏格拉底在风烛残年之际，知道自己时日不多了，就想考验和点化一下他的那位平时看来很不错的助手。他把助手叫到床前说："我的蜡烛所剩不多了，得找另一根蜡烛接着点下去，你明白我的意思吗？"

"明白，"那位助手赶忙说，"您的思想光辉是得很好地传承下去……"

"可是，"苏格拉底说，"我需要一位优秀的传承者，他不但要有相当的智慧，还必须有充分的信心和非凡的勇气……你帮我寻找和发掘一位好吗？"

"好的，好的。"助手很温顺很尊重地说，"我一定竭尽全力地去寻找，以不辜负您的栽培和信任。"

那位忠诚而勤奋的助手，不辞辛劳地通过各种渠道开始四处寻找了。可他领来一位又一位，都被苏格拉底婉言谢绝了。有一次，当那位助手无功而返地回到苏格拉底病床前时，病入膏肓的苏格拉底硬撑着坐起来，拍着那位助手的肩膀说："真是辛苦你了，不过，你找来的那些人，其实还不如你……"

"我一定加倍努力，"助手言辞恳切地说，"找遍城乡各地，找遍五湖四海，我也要把最优秀的人选挖掘出来，举荐给您。"

半年之后，苏格拉底眼看就要告别人世，优秀的人选还是没有眉目。助手非常惭愧，泪流满面地坐在病床边，语气沉重地说："我真对不起您，令您失望了！"

"失望的是我，对不起的却是你自己，"苏格拉底说到这里，很失望地闭上眼睛，停顿了许久，才又不无哀怨地说，"本来，最优秀的就是你自己，只是你不敢相信自己，才把自己给忽略、给耽误、给丢失了……其实，每个人都是最优秀的，差别就在于如何认识自己、如何发掘和重用自己……"话没说完，一代哲人就永远离开了人世。

那位助手非常后悔，甚至后悔、自责了整个后半生。他四处去寻找最优秀的人才，唯独没有肯定和相信自己，所以留下了半生遗憾。

自信是成功者必需的品质。一个人如果建立了顽强的自信，对生活充满挚爱，而又有一种追求事业的狂热，勇于面对任何困难，那么他必将是人生这场韧性战斗的最终胜者。这种优秀的品质会支撑他去奋斗，激励他去尝试生活。没有知识，他会努力学习；缺乏能力，他会在锲而不舍的实践中获得，这样的人必会成为人生的强者。

自信会使你创造奇迹。古往今来，每一个伟大的人物在其生活和事业的旅途中，无不以坚强的自信为其先导。拿破仑就曾宣称："在我的字典中没有不可能的字眼。"这是何等豪迈的自信！正是因为他的这种自信激起了他那无比的智慧和巨大的能力，才使他成为横扫欧洲的一代名将。

只有肯定并相信自己，才能激发进取的勇气，才能感受生活的快乐，才能最大限度地挖掘自身的潜力。自信就是自己信得过自己，自己看得起自己。美国作家爱默生说过："自信是成功的第一秘诀。"人们常常把自信比作发挥主观能动性的闸门，启动聪明才智的马达，这是很有道理的。确立自信心，要正确评价自己，发现自己的长处，肯定自己的能力。自信不是孤芳自赏，夜郎自大，更不是得意忘形，毫无根据地自以为是和盲目乐观。自信是激励自己奋发进取的一种健康的心理素质，它代表一种高昂的斗志、充沛的干劲、迎接生活挑战的乐观情绪，是战胜自己、告别自卑、摆脱烦恼的灵丹妙药。

年轻人在展望未来的时候，不要浮躁，务必认识到自己正在拥有的一切。至少在转换工作之前，一定要努力使自己专注于手中的具体工作，哪怕是看似平凡的琐碎工作。

从前有位名叫阿里·哈法德的波斯人，住在距离印度河不远的地方，他拥有大片的兰花花园、稻谷良田和繁盛的园林。他是一位知足而富有的人。有一天，一位年老的佛教僧侣前来拜访这位老农夫，他坐在阿里·哈法德的火炉边，向这位老农夫讲述钻石是如何形成的。最后，这位僧侣说："如果一个人拥有满满一手的钻石，他就可以买下整个国家的土地。要是他拥有一座钻石矿场，他就可以利用这笔巨额财富，把孩子送至王位。"

那天晚上上床时，阿里·哈法德变成了一个穷人——不是因为他失去了一切，而是因为他开始变得不满足。他想："我要拥有一座钻石矿。"因此，他整夜难以入眠，第二天一大早就跑去询问那位僧侣在什么地方可以找到钻石。

"只要你能在高山之间找到一条河流，而这条河流是流淌在白沙之上的，那么，你就可以在白沙中找到钻石。"僧侣说。

于是他卖掉了农场，将利息收回，把家交给了一位邻居照看，然后就出发去寻找钻石了。在人们看来，他最初寻找的方向是十分正确的，他先是前往月亮山区寻找，然后来到巴勒斯坦地区，接着又流浪到了欧洲，最后他身上带的钱全部花光了，衣服又脏又破。

旅途的最后一站，这位历经沧桑、痛苦万分的可怜人站在西班牙巴塞罗那海湾的岸边，怀揣着那位僧侣所激起的得到庞大财富的诱惑，将自己投入了迎面而来的巨浪中，从此永沉海底。

几十年后的一天，当阿里·哈法德的继承人（继承并居住在阿里·哈法德的庄园）牵着他的骆驼到花园里去饮水时，他突然发现，在那浅浅的溪底白沙中闪烁着一道奇异的光芒，他伸手下去，摸起了一块黑石头，石头上有一处闪亮的地方，发出彩虹般的美丽色彩。他把这块奇异的石头拿进屋里，放在壁炉的架子上，继续忙他的工作，把这件事给完全忘掉了。

几天后，那位曾经告诉阿里·哈法德钻石是如何形成的僧侣，前来拜访阿里·哈法德的继承人。当看到架子上的石头发出的光芒时，他立即奔上前去，惊奇地叫道："这是一颗钻石！这是一颗钻石！阿里·哈法德已经回来了吗？"

"没有，还没有，阿里·哈法德还没回来。那块石头是在我家的后花园里发现的。"

"我只要看一眼，就知道它是钻石，"这位僧侣说，"这确实是一颗钻石！"

　　然后，他们一起奔向花园，用手捧起河底的白沙，发现了许多比第一颗更漂亮更有价值的钻石。

　　你是不是有时候觉得自己很贫穷，觉得自己一无所有？你是不是经常为自己的平庸而发愁，总是看不到自己的长处？你可能真的认为自己很普通、很没用，不是一个成大事的料。但是，你有没有去挖掘你本身已经拥有的所有财富？你现在已经拥有的，很可能就是一座宝贵的富矿，正在等待着你的开采。每一个人都有自己的资源和优势，聪明人善于利用这些优势，所以做起事来能更快、更有效。

提防消极的自我意识

　　在现实生活中，有的人由于不能正确认识自己的优点，经受一点点挫折、打击，就悲观、失望、苦恼、抱怨、彷徨，终日在唉声叹气、无所作为之中虚度光阴。更有甚者，由于不能正确地认识自己、评价自己，便在极度悲观绝望中轻率地结束了自己年轻的生命。殊不知，他们浪费了最有价值的宝贵资源，那些优势足可以使他们得到自己想要的一切财富。

　　1890年7月的一天，在奥维尔小镇外的麦田旁，37岁的梵·高正懊恼地对着麦浪发呆。他始终弄不明白，自己倾尽心血的画作，在那些收藏家眼里怎么就如同一张张被揉成一团的算术纸，一钱不值。

　　16岁那年，梵·高跟随欧洲一个有名的艺术品商人哥比尔开始经商。梵·高在推销艺术品时，常与雇主争吵。哥比尔付给他一个月工资，从此不愿再见到他。梵·高来到英国，在伦敦一家规模较小的寄宿学校教法文。由于他没有及时收缴贫穷学生的学费受到牧师的责骂，他不得不离开了寄宿学校。

28 岁时的梵·高成了一个孤独的人。他开始画画，画了很多比利时矿工的素描。他基本上不懂画画的技法，当然更没有人买他的画。烈日、画布上血红的色彩、痛苦、饥饿，每时每刻都在折磨孤独的他。他在描绘随风摆动的夹竹桃与绚丽多彩的天空时，产生了前所未有的激情，这股激情使他神志极度狂乱，浑身发烧……

梵·高十分贫穷，连生活费也由弟弟西奥供给。收税人来到他的住处，只看见厨房里的四张椅子和粗糙的松木桌子，此后就不再光顾他的家了。

在巴黎，梵·高向著名印象派画家高更学习，共同切磋技艺。当他感受到法国南部阿尔的馨风，看到阿尔这个色彩缤纷的地方时，他就像看见了《天方夜谭》里描写的富有魅力的城市的那些惊奇。他拿起笔，启动了久久压抑在心头的艺术闸门。他在 10 天之内画出了 10 幅油画。

梵·高的画笔简直发出了火光，创作出了以蔚蓝色天空与橙红色河岸为背景，衬托着一辆马车越过吊桥的画。梵·高画出来的树，似乎"可以再发出一百棵树苗"。他善于抓住落日来点缀画景。他画的向日葵看上去仿佛会放出光芒。

梵·高不停地喝酒，不停地抽烟，以便使自己在兴奋状态中画出狂热的异国情景。梵·高画布上的色彩总是相当鲜艳，直到他的神经为之激动，血液涌上脑子。

当时，上流社会的绅士们需要一些漂亮的小肖像画，或者是完美精致的风景画，挂在客厅里。他们不喜欢描写忧伤的油画。他们厌恶他笔下粗糙、懒散的涂抹，认为那夸大了人类的痛苦。

一个上流社会的少妇看到梵·高的油画，双眉一挑，不屑地说："我很难把这种东西称之为艺术。"面对讽刺、挖苦，梵·高从不放弃自己的艺术追求。如果他要画农妇，就要把她们画成真正的农妇。25岁时，他着意画比利时饥饿的矿工。37岁时，他画出了圣雷米痛苦的疯子。

可惜，梵·高的画在当时无法得到上流社会和收藏家的青睐，优秀的画作在那些贵人眼中犹如一张张废纸。一次次的失败，使他日渐变得孤独。他失去了对自己的正确评价，开始承认自己是一个彻头彻尾的失败者。他再也不敢面对眼前的这个世界了，他决定离开人世，让疲惫不堪的身心得到永久的休息。

梵·高在失败面前迷失了自己，无法正确地认识自己，他形成了一个消极绝望的思维定式——我是一个无可救药的失败者。就是这顽固的、错误的自我评价把这位天才画家送进了死亡之门！在他自杀身亡几年以后，巴黎、伦敦、纽约……许多著名的大博物馆以得到梵·高的一幅画而荣耀不已。在拍卖行，梵·高的画价格一涨再涨，达到了世界绘画艺术的最高价格。不少富有的收藏家为得到梵·高的一幅画而费尽心机。

梵·高的作品身价倍增，其中的《鸢尾花》为5330万美元，《向日葵》为3985万美元，《在圣雷米的收容所和小教堂的景色》为2000万美元。

每一个人都有自己的优势和能力，只要把自己摆在正确的位置，就能取得一定的成就。亚伯拉罕·林肯说过："我一直认为，如果一个人决心想获得某种幸福，那么他就能得到这种幸福。"而消极的自我意识，只能给自己制造麻烦和悲剧。所以，在生活和工作中，都要提防和避免消极的自我意识的影响，防止这些思想阻碍了你前进的道路，削弱了你优势的力量。

绝不要看轻自己

每个人都有自己的优势，绝不要看轻自己。假如一个人尽想着"我办不到"，那他果然就会办不到。自信，是人的意志和力量的体现，是交际能力最重要的素质之一。而缺乏自信，常常是性格软弱和事业不能成功的主要原因，也是培养交际能力最大的心理障碍。

巴特是一个黑人孤儿，他曾经辗转被人收养了 14 次。

有一次，他遇见了一位牧师，牧师发现他心中有很深的自卑感，于是想为他解决这个问题。

一次礼拜之后，巴特对牧师说："我是一个黑人，黑人是被人看不起的，我只是奴隶的子孙。"

牧师马上说："你这样想是不对的，黑人也有很优秀的地方。"

"您的意思是说……"他迷惑地问。

"连你在内，所有美国黑人的血统都来自非洲，你们应该以自己的血统为荣，因为你们是在非洲黑人的子女中能生存下来的人。弱者在未离开非洲之前，就死在森林里或船上，留下能够生

存的你们的祖先，有知识有才能，又有丰富的情感，这些都是生存的条件，所以在美国的黑人比任何种族都强壮和优秀，这种优秀的血统会一直延续下去的。"

巴特听了点了点头，他知道自己该怎么做了。

从此巴特每次遇到困难时，都想起牧师的话，以此来激励自己。他从未再想到放弃理想。后来他取得了医学博士学位，成为一个非常优秀的医生。

不要低估自己的能力，如果你低估了自己，别人也会轻看你。低估自己，消极的思想会使你的潜力处于休眠状态，前进的信心也会随之失去，机会、成功便会与你失之交臂了。

约翰逊失业在家有一段时间了，他喜欢写作，经常在报纸上发表一些小文章。一天，他的母亲指着一则招聘启事对他说："你看，有家报社需要编辑，你快去试试看。"

"我不一定行。"约翰逊答道。

"为什么？"母亲问他。

"因为我没有学历。"

"或许你发表的作品能打动报社的总编辑？"母亲鼓励他。

"有那么多的大学生去应聘，怎么会看上我呢？"约翰逊忧郁地说。

"你见过总编了吗？"母亲问。

"没有。"约翰逊回答说。

"你了解过全部竞争对手吗？"母亲进一步问。

"没有。"约翰逊说。

母亲不解地问："那你究竟怕什么呢？"

约翰逊到底在害怕什么呢？难道担心自己不是其他应聘者的竞争对手？其实，他最大的对手不是其他人，而是他自己。只有他战胜了自己，怀着信心去应聘，才有可能成功。否则，他以这种低人一等的心态前去应聘，在总编面前表现出来的就是一个能力很低的人，不会得到总编的赏识的。如果他能看到自己发表了很多文章这一个非常大的优势，那么，他很可能得到总编的赏识和重用。

美国最伟大的运动员"飞人"乔丹曾说过："我之所以能取得今天的成就，就是因为我对自己有 120% 的信心！"正是由于这"120%"的信心，"飞人"乔丹六次戴上了 NBA 总冠军的戒指，而且从不畏惧任何挑战、任何竞争。当乔丹还未宣布复出时，许多人包括一些专家都说，乔丹老了、胖了、不行了！但乔丹已经用他在篮坛的表现告诉了人们：我相信自己！

企业家玛丽亚·艾伦娜·伊瓦涅斯也是一个相信自己、矢志不渝而取得成功的人。

当玛丽亚·艾伦娜·伊瓦涅斯只是个十几岁的孩子的时候，她的父亲就让她参加了一个电脑学习班。1973 年，她到美国上大学，学习电脑科学，毕业后，玛丽亚·艾伦娜产生了一个念头。

在当时，美国个人电脑的价格在 8000 美元左右，而拉丁美洲的个人电脑价格却要昂贵得多。她想，为什么不在拉美销售个人电脑，来开发这个非常有前景的市场呢？

"他们告诉我不要提这事，"玛丽亚·艾伦娜回忆说，"电脑销售执行经理们说，拉丁美洲正处于经济危机之中，许多国家都十分贫穷，那儿的人们没有钱来买电脑。因此他们认为拉丁美

洲的市场太小了，根本不值得他们去开发。"当别人只看到各种局限性时，她却看到了各种市场机会，"我想，即使这个市场只有1000万美元的承受能力，对我来说已经足够了，我能从中挣到钱。而且由于它很小，所以不会有什么人为它去竞争。"

当时玛丽亚·艾伦娜只有23岁，没有任何销售经验和市场经验。玛丽亚·艾伦娜先是从自己的汽车房，然后又从一间小货仓里开始销售她的产品。虽然规模非常小，但是越来越多的订单纷纷而至。4个月的时间里，她用海运的方式销售了价值70万美元的产品。第二年玛丽亚·艾伦娜公司的销售额增加到了240万美元，第三年翻一番，第四年又翻了一番。由于在20世纪90年代前几年中，玛丽亚·艾伦娜的"国际高科技销售公司"的平均销售额为1300万美元，所以它又登上了《公司》杂志当年的500家发展最快的公司排行榜。

一个人要想取得成就，一定不能看轻自己，而是要努力使自己变得充满自信，就像一个人的任何一种精神素质一样，一个人的自信心也不是与生俱来的。自信是在为理想的奋斗与追求中，经过不断的实践逐步培养起来的。一个人具有强烈的自信心，他必定是个敢于行动的人，不会以观望、等待的消极态度丧失生活赐予的各种机会，而总是在创造着发展自己的机会；他也必定是个精神豁达、乐观大度的人，即使受到了生活的磨难和挫折，也绝不会轻易向困难低头认输，而总是满怀信心，用自己的光和热去照耀生活、温暖生活，并给他的朋友带来信心、力量和希望。

金无足赤，人无完人。任何人生下来不可能完美，通过努力仍然会有诸多遗憾。把任何一个人放在一群人中，群体中总会有人在某些方面非常显眼。相形之下，你的很多方面都会不如人愿，使你不满。然而成功者在群体中却能展示自己的优点，不断增强自己成功的信念。平庸的人则把自己的缺点与别人的优点放在一起比长短。

自信和自卑是一个人面对自己时截然不同的两种心态。有的人无论在什么时候，什么条件下，或在干什么事，都对自己充满信心，这种人就是那些一步一步正爬上成功巅峰满面春风的人。而有的人却恰恰相反，无论什么时候，什么条件下，无论干什么事，都陷入了自卑而不能自拔，对自己已完全失去了信念，这种人则永远登不上成功的巅峰。

自信是成功的秘诀。拿破仑曾经说过："我成功，是因为我志在成功。"如果没有这个信心，拿破仑就不会有毅然的决心，当然成功也就与他无缘。所以，无论何时何地，都绝不要轻看自己。

（三）集中突破：你就是未来的专家

把自己的精力集中于一件事上

一个人如果全身心地追求某一个目标，很少有不成功的。伟人之所以称其为伟人，成功者之所以能超越平庸者，就在于他们能够坚定不移地认准某个目标，并为之全力以赴，矢志不渝。

意大利著名男高音歌唱家卢西亚诺·帕瓦罗蒂回顾自己走过

的成功之路时说："当我还是一个孩子时，我的父亲，一个面包师，就开始教我学习唱歌。他鼓励我刻苦学习，培养嗓子的功底。后来，在我的家乡意大利蒙得纳市，一位名叫阿利戈·波拉的专业歌手收我做他的学生，那时，我还在一所师范学院上学。在毕业时，我问父亲'我应该怎么办？是当教师还是成为一个歌唱家？'"

"我父亲这样回答我：'卢西亚诺，如果你想同时坐两把椅子，你只会掉到两把椅子之间的地上。在生活中，你应该选定一把椅子。'"

"我选择了唱歌，我忍住失败的痛苦，经过七年的学习，终于第一次正式登台演出。此后，我又用了七年的时间，才得以进入大都会歌剧院。现在，我的看法是：不论是砌砖工人，还是作家，不管我们选择何种职业，都应有一种献身精神，坚持不懈是关键。选定一把椅子吧。"

生活中有许多人之所以无法实现少年时代的梦想，原因就是他们同时涉足了太多的领域，由此难免会分散精力，这就阻碍了他们的进步，使得他们最终一事无成。

柯尔律治是一个才华横溢的年轻人，但是他意志薄弱，缺乏勤勉的习惯，厌恶长期的连续性工作。他只是一味地沉溺于精神的幻想，这种幻想消耗了他的精力，于是，他的生命过早地耗尽了，就如一只脚踏在半空中般不切实际地生活着。他空有万般才华却一事无成。在他活着时，他整日埋头于自己臆想的荒谬绝伦的人生幻象之中；而当他面对死神时，他仍然沉湎于幻想之中难以自拔。他的一生都在不停地下决心、定计划，但直到他撒手西去的那一天，也仍然没有执着地追求一个目标，很多目标只是纸面上的计划而已。

尽管他时时有新主意、新目标，但他从未持续地完成过一件事。他的生活是漂泊不定的，就像秋风中的落叶一样，随风飘零，任意东西。

"柯尔律治死了，"英国散文家查尔斯·兰姆写信给一位朋友说，"据说他身后留下了四万多篇有关形而上学和神学的论文——但是其中没有一篇是写完了的。"

精力不要分配给太多的领域，最主要的是把你选择的那一件事情做好。

英国政治活动家、小说家爱德华·利顿说："有许多人看到我整日里如此忙碌，事无巨细无不顾及，竟然还能有时间来从事学问研究，他们都免不了奇怪地问我：'你怎么会有那么多时间来完成这样多的著述呢？你究竟有什么分身之术，可以做完这么多工作呢？'或许我的回答会令你大吃一惊，答案就是——'我之所以能做到这一点，是因为我从来不同时做好几件事情。'一个能从容自若地安排好工作的人肯定不会让自己的精力过于分散。如果他在今天为了多个目标疲于奔命的话，那么随之而来的必定是疲劳和困乏，这样的话，他明天就不得不减慢工作节奏，所以结果就是得不偿失。我认为，我真正专心致志地学习是从离开大学校园跨入社会之后开始的。到现在为止，我觉得在生活阅历和各种知识的积累方面，跟同时代的绝大多数人相比，自己毫不逊色。我游历了许多地方，所见甚广；在政界和各种各样的社会事务中，我也收获颇丰；除此之外，我在各地出版了大约六十

卷著作，其中涉及的许多课题是需要深入研究的。你认为通常一天中我会有多少时间用来研究、阅读和写作呢？我可以告诉你，不到三个小时；在国会开会期间，可能连三个小时都没有。然而，在这三个小时之内，我却是全神贯注地投入我的工作的，心无旁骛，用心极专。"

把自己的精力集中于一件事上，能更快地达到成功的顶点。如果一个人选择了在很多领域都同时发展，那么他可能只能成为三脚猫似的人物，他们四处出击，什么东西都有所涉猎，却又都是浮光掠影，浅尝辄止，最终只懂得一点皮毛。

培养自己独特的技能

有的人以为，成功的人是什么都懂的人，认为一个人要获得成功一定要无所不知，无所不晓。然而，那种境界却又是自己可望而不可即的，所以，认为成功对自己来说是不可能的事。其实，成功并不像想象的那么难，成功就是充分展示自己最大的优势。

作为谋生的手段，我们必须有一些看家本领。无论你打算干什么工作，都要培养自己独特的技能，拥有一项出色的本领，它或许能够给你带来一生的幸福。

很久以前，德国一家电视台推出高薪征集"10秒钟惊险镜头"活动。在诸多的参赛作品中，一个名叫"卧倒"的镜头以绝对的优势夺得了冠军。

拍摄这10秒钟镜头的作者是一个名不见经传、刚刚踏入记者行业的年轻人，而其他参赛选手多是一些在圈内很有名气的大家。为什么这个"卧倒"镜头能夺走桂冠呢？几个星期以后，获奖作品在电视的强档栏目中播出。

镜头是这样的：在一个小火车站，一个扳道工正走向自己的岗位，去为一列徐徐而来的火车扳动道岔。这时在铁轨的另一头，还有一列火车从相反的方向驶向小站。假如他不及时扳道岔，两列火车必定相撞，造成不可估量的损失。

这时，他无意中回过头一看，发现自己的儿子正在铁轨那一端玩耍，而那列开始进站的火车就行驶在这条铁轨上。

抢救儿子或避免一场灾难——他可以选择的时间太少了。那一刻，他威严地朝儿子喊了一声："卧倒！"同时冲过去扳动了道岔。

一眨眼的工夫，这列火车进入了预定的轨道。

那一边，火车也呼啸而过。车上的旅客丝毫不知道，他们的生命曾经千钧一发，他们也丝毫不知道，一个小生命卧倒在铁轨边上——火车轰鸣着驶过铁轨时，丝毫无伤。那一幕恰好被一个从该地经过的记者摄入镜头中。

看到这个镜头的观众猜测，那个扳道工一定是一个非常优秀的人。后来，人们才渐渐知道，那个扳道工只是一个普通工人。记者在进一步的采访中了解到，他唯一的优点就是忠于职守，从没迟到、早退、旷工或误工过一秒钟。

这个消息几乎震住了每一个人，而更让人意想不到的是，他的儿子是一个弱智儿童。他曾一遍一遍地告诫儿子说："你长大后能干的工作太少了，你必须有一样是出色的。"儿子听不懂父

亲的话，但在生死攸关的那一秒钟，他却"卧倒"了——这是他在跟父亲玩打仗游戏时唯一听懂并做得最出色的动作。

一个人一生必须有一样是出色的，这样，你才有赖以生存的资本，因为你在那一方面别人无法替代。所以，你要保持自己最出色的这一方面，不要因为学习别人的长处，而放弃了自己最有优势的这一点。

某单位的外贸部有两位年轻人，一位是日语翻译，一位是英语翻译。两人都是名牌大学毕业，风华正茂，在单位领导的眼里：两人都是未来的外贸部经理候选人。对此，两人心照不宣，在工作上暗暗较劲，你追我赶，每年的业绩完成得均十分理想。

单位原来有日商的投资，因此单位经营层经常需要和日本人打交道，理所当然地，那位学日语的年轻人经常在公开场合露面。一时间，他在单位里的口碑好于那位英语翻译。英语翻译坐不住了。照此下去，他肯定会处于劣势，失去很好的晋升机会。于是，他决定凭着大学时选修过日语的基础，暗暗学习日语，准备超越对手。

为了不让别人知道，他学日语是在暗中进行的。他几乎把业余时间都花在了日语的学习上。几年过去了，他拥有了一张日语等级证书。他开始尝试着与日商进行会话，帮助营销员处理一些日文的翻译任务。

同事们对他掌握两门语言十分佩服，他自己也有一种成就感。但就在他自我感觉良好的时候，他翻译的澳大利亚商人的贸易合同关键词汇出现失误，给公司造成10万美元的损失。虽然事后公司通过谈判，挽回了部分损失，但公司董事长为此震怒。

他也十分内疚，但实在想不明白，为什么会误译一个并不生僻的单词。

反省再三，他醒悟过来，这些年忙于学习日语，早已疏于对英语词汇的充实和温习，错误的发生其实是不可避免的。他在自己的专业上败下阵来，而且他的日语即使苦学几载，也无法达到对手的水平。他悔之不及。

一个人想击败对手，往往会忘了自己的优势，却沿着对手的思路进行思考，照搬照抄别人的做法。但是，一个走"抄袭"道路的人是根本无法进入别人最为熟悉也最有优势的领域的。人生也是如此，不论你境况如何，你都不会一无是处。譬如诚实、自信、坚强，或者一项技能，你只要拥有其中的一项，并且让它很优秀，它就会成为你一生的资本。

力戒眉毛胡子一把抓

许多人在处理我们日常生活的方方面面时，分不清哪个更重要，哪个更紧急，眉毛胡子一把抓。这些人以为每个任务都是同样重要的，只要时间被忙忙碌碌地打发掉，他们就从心眼里高兴，这些人往往是做事效率不高的人。

如果能把事情按轻重主次分开来处理，做事的效率会高很多。

伯利恒钢铁公司总裁查理斯·舍瓦普曾会见效率专家艾维·利。艾维·利说可以在10分钟内给舍瓦普一样东西，这东西能使他的公司的业绩至少提高50%。然后他递给舍瓦普一张空

白纸，说："在这张纸上写下你明天要做的 6 件最重要的事。"等舍瓦普写完以后，艾维·利又说："现在用数字标明每件事情对于你和你的公司的重要次序。"最后艾维·利把这张写好的纸交给舍瓦普说："现在把这张纸放进口袋。明天早上第一件事是把纸条拿出来，做第一项。不要看其他的，只看第一项。着手办第一件事，直至完成为止。然后用同样方法对待第二项、第三项……直到你下班为止。如果你只做完第一件事，那不要紧，你总是做着最重要的事情。"

艾维·利又说："每一天都要这样做。等你对这种方法的价值深信不疑之后，叫你公司的人也这样干。这个试验你想做多久就做多久，然后给我寄支票来，你认为值多少钱就给我多少。"

整个会见时间不到半个小时。几个星期之后，舍瓦普给艾维·利寄去一张 2.5 万美元的支票，还有一封信，信上说那是他一生中最有价值的一节课。

懂得发挥自己优势的人都明白轻重缓急的道理，他们在处理一年或一个月、一天的事情之前，总是按分清主次的办法来安排自己的时间。

在确定每一年或每一天该做什么之前，你必须对自己应该如何利用时间有更全面的看法。要做到这一点，你要问自己三个问题：

①我需要做什么？要分清缓急，就要弄清自己需要做什么。总会有些任务是你非做不可的。重要的是你必须分清某个任务是否一定要做，或是否一定要由你去做。这两种情况是不同的。非做不可，但并非一定要你亲自做的事情，你可以委派别人去做，

自己只负责监督其完成。

②什么能给我最大的满足感。无论你地位如何，你总需要把部分时间用于做能带给你满足感和快乐的事情上。这样你会始终保持生活热情，因为你的生活是有趣的。

③什么能给我最高回报？人们应该把时间和精力集中在能给自己最大回报的事情上，用80%的时间做能带来最大回报的事情，而用20%的时间做其他事情，这样使用时间是最具有战略眼光的。

把重要事情摆在第一位

商业及电脑巨子罗斯·佩罗说："凡是优秀的、值得称道的东西，每时每刻都处在刀刃上，要不断努力才能保持刀刃的锋利。"罗斯认识到，人们确定了事情的重要性之后，不等于事情会自动办得好。而始终要把它们摆在第一位，你肯定要费很大的力气。下面是有助于你做到这一点的计划：

第一步，你要用上面所提到的目标、需要、回报和满足感四原则对将要做的事情做一个估价。

第二步，去除你不必要做的事，把要做但不一定要你做的事委托别人去做。记下你为达到目标必须做的事，包括完成任务需要多长时间，谁可以帮助你完成任务等资料。

根据轻重缓急开始行动

在确定了应该做哪几件事之后，你就要按它们的轻重缓急开始行动。大部分人是根据事情的紧迫感，而不是事情的重要程度来安排先后顺序的。这些人的做法是被动的而不是主动的。善于发挥自己优势的人不会这样，他会按事情的重要程度开展工作。

他们会在每天开始工作时制定一张优先表，把事情按先后顺序写下来，定个进度表。这样他们可以每时每刻都集中精力处理要做的事。

要清除杂念

在追求目标的过程中，可能会出现各种各样的干扰因素，如果不能及时清除杂念，这些干扰就会减慢前进的步伐。

德国法兰克福的齐默尔，从小便迷上了音乐。他买不起昂贵的钢琴，就自己动手用纸板制作模拟黑白键盘。他练贝多芬的《命运交响曲》时竟把十指磨出了老茧。后来，他用作曲挣来的稿费买了架"老爷"钢琴，自己修理、调音。

齐默尔对音乐非常痴迷，他作曲时专注而投入，时常忘了与恋人约会，惹得许多女孩骂他是"音乐白痴""神经病"。

有一次他煮牛肉面，边煮边用粉笔在地板上写曲子，结果是"哆来咪法梭，面条煮成一锅粥"。妻子对他很"客气"，不急不怒，只是罚他把面糊全部喝掉，剩下一口就"离婚"！

他有他的追求，不论走路或乘地铁总忘不了在本子上记下即兴的乐句，当作创作新曲的素材。有时他从梦中醒来，打着手电筒写曲子，他管这叫作"灵感突发，即兴创作"，妻子则骂他是"猫子打更，米老鼠发吧症"。

齐默尔的专注与投入终于获得了成功，在第 67 届奥斯卡颁奖大会上，他以闻名于世的动画片《狮子王》荣获最佳音乐奖。

人们在追求自己的目标时，要想获得杰出的成就，就要像齐默尔这样"忘乎所以"地去追求。

英国油画家贺加斯经常将他的视线和注意力集中在某一张脸上，直到这张脸如照片般留存在他的脑海中，他可以将其复制出来为止。他在研究和观察任何物体时都做到了一丝不苟、谨慎细致，仿佛他永远都没有机会再看到它们一样。这种仔细观察的习惯使他的研究工作充满了令人叹为观止的细节描述。在他生活的时代，很多重要的艺术流派都受到了他的著作的影响。他既没有受过高深的教育，也不是那种天资卓越、才华横溢的天才，他的成功在很大程度上归功于他那勤勤恳恳、埋头苦干的专注精神。

有些人总是朝三暮四，对自己的目标，不能严肃地对待，这样时间长了，便会养成一个对任何事都不重视的习惯，于是他们很难实现自己的目标。

有一位叫蒙克夫的登山家，在不带氧气瓶的情况下，多次跨过 6500 米的登山死亡线，并且最终登上了世界第二高峰——乔戈里峰，他的这一成绩，于 1993 年被载入吉尼斯世界纪录。

过去，不带氧气瓶登上乔戈里峰是许多登山家的愿望。然而，自 1881 年有人携带氧气瓶登上这座山峰以来，一百多年过去了，还没有一个人扔掉过它。因为一旦超过 6500 米，空气就稀薄到正常人无法生存的程度。攀登者在这个高度每前进一步都必须停下来大口大口地喘上十几分钟才行，想不靠氧气瓶登上近 8000 米的峰顶，确实是一个严峻的挑战。

可是，经过千余次的尝试，蒙克夫做到了，这位美籍印度人为了实现这一夙愿而不断探索，最终他发现了无氧登山运动的奥秘。

在总结成功经验的时候，蒙克夫认为，无氧登山运动的一个障碍就是杂念，因为上山顶时，任何一个小小的杂念都会使你感觉到需要更多的氧。作为无氧登山运动员，要想登上山顶，就必须学会清除杂念。脑子里杂念越多，你的需氧量就越多。为了登上峰巅，为了使四肢获得更多的氧，必须学会排除一切杂念。

追求自己的目标时，如果心中的杂念太多，往往会造成注意力不集中，办事效率低下。因此在追求目标时一定要清除杂念专心去付诸行动。

（四）满怀热情：去创造人生无限的能量

热情可以转化为巨大的能力

一个人如果能够充满热情地去做每一件事情，能够把它们看作人生的一种有意义的经历，他就可以让周围的人也变得像他一样。能够喜欢自己工作的人，能够满怀热情地去做自己的工作的人，会渐渐使其他人也有与他相同的态度。

美国纽约的一个低收入地区布鲁克林有一座小小的教堂，为了能让街坊邻居的孩子们有地方玩耍，这个教堂曾向某个商人提出请求，想使用他所拥有的一块空地作为孩子们的操场，直到这块空地有了其他用途为止。商人答应了教堂的请求，但是提出了两个条件：第一，教堂必须为此支付保险金；第二，还必须负责清扫这块空地。教堂召开了集会，最后做出决定，无论如何大家都要把保险金凑齐，而且，全体教友一致同意，在某个礼拜六一起去清扫那块空地。

在清扫空地那天，有些家庭去得有点晚，在那些晚到者当中有这样一个家庭：一对父母带着一个10岁的跛脚女儿。当这家人到达空地时，许多志愿者都感到纳闷，为什么他们要把这个女儿一起带来呢？她能够做什么呢？毕竟，她几乎连路都不会走啊！

但是，小女孩却兴高采烈地投入了这个活动中。她的脸上带着非常开心的笑容，她用拐杖支撑自己，腾出双手，拿着一个塑胶袋子，用来装她父母拾起来的垃圾。

这一家人快乐地劳动着，愉快地谈论着他们看到的许多精彩的比赛和有趣的活动。他们的热情使在场的所有人都受到了感染！一个跛脚的小女孩用她的积极和热情鼓励了其他每一个志愿者。当有人问这个小女孩为什么也会来参加这次清扫活动时，她整个人就更加兴奋起来，她咧开嘴笑着说："这样我就可以成为你们其中的一员，并且就像裁判一样为我爸爸妈妈记分呢！"

一个人所做的一切，无论好坏，都是有感染力的。微笑可以传染给别人，而紧皱的眉头也可以传染给别人。虽然在我们的一生中不可能时时都开心，但是，如果我们带着热情去做每一件事情，我们周围所有的人都会感染到我们的热情，都会和我们一样积极、乐观地生活下去。

松下幸之助13岁还在当学徒的时候，一直想独立卖出一辆自行车，可是，当时自行车是百元上下的高价商品，相当于今日的汽车，即使有人想买，也轮不到松下这样的小徒弟一人去销

售，顶多是让松下跟着伙计送车。

有一天本町二段的铁川批发商店打电话来："送自行车给我们看看吧。我们老板在，现在赶快送来！"这时刚好店伙计不在，老板说："对方很急的样子，无论如何，你先把这辆送过去吧。"松下听了，认为好机会来了，精神百倍地把自行车送到铁川那里。

那时因为松下只有13岁，人家把他当作可爱的小孩。铁川看他拼命地想要说服他买车的模样，摸摸他的头说："你很热心，是个好孩子。好吧，我决定买下来，不过要打九折。"松下因为太兴奋了，所以他没有拒绝就回答说："我回去问老板！"说着跑回来告诉老板："对方愿意打九折买下来。"老板却说："打九折怎么行呢？算九五折好了。"松下一心一意想独立成交一笔生意，很不愿意再跑一次去说九五折。他竟对老板说："请不要说九五折，就以九折卖给他吧！"说着说着就哭起来。老板感到很意外："你到底是哪方的店员呢？你怎么了？"松下哭个不停。过了一会儿，铁川的伙计到店里："怎么等了这么久呢？还是不肯减价吗？"老板说："这个孩子回来叫九折卖给你们，说着说着就哭了起来。我现在正在问他，到底是谁家的店员呢！"

伙计听了，被松下的热心和纯情感动了，立刻回去告诉铁川。铁川说："他是一个可爱的学徒。看在他的分上，就按照九五折买下来。"这笔生意终于成交了。热情代表着一种积极的精神力量，这种力量不是凝固不变的，而是不稳定的。不同的人，热情程度与表达方式不一样；同一个人，在不同情况下，热情程度与表达方式也不一样。但总的来说，热情是人人具有的，善加利用，可以使之转化为巨大的能力。你内心充满要帮助别人的热情，你就会兴奋，你的精神振奋，也会鼓舞别人工作，这就是热情的感染力量。

珍惜看不见的情感价值

婚礼看得见，爱情看不见；书信看得见，思念看不见；花朵看得见，春天看不见；水果看得见，营养看不见；帮助看得见，关心看不见；刮风看得见，空气看不见；文凭看得见，水平看不见。

在看得见和看不见这两样东西中，后者更有价值。而在现实生活中，我们往往只看见了事情的表面，而忽视了那看不见的情感才是最宝贵的财富。

陈亦凡是父母的独子，父母对他宠爱有加。在陈亦凡15岁生日的时候，他父亲从自己的脖子上取下玉坠项链，当作生日礼物送给了他，并对他说："这项链不值什么钱，别因为是我从脖子上摘下来给你的，就以为珍贵无比。如果碰到了抢匪，要你的项链，千万不要犹豫、不要抗拒！把它摘下来递过去！它值不了多少钱的！"

陈亦凡没有遇见抢匪，却打算把那项链当小礼物，送给一位并未深交的女同学。

当他的母亲责怪他时，陈亦凡却说："爸爸在送给我的时候讲过，这值不了什么钱，所以我认为可以当个小礼物送人。"

陈亦凡的父亲听到这个消息时非常伤心，因为这是陈亦凡的

祖父传下来的。这一条项链，是一件凝聚着爱的纪念品。

有很多东西是不能以市场价值来衡量的，"爱"非常抽象，它看不见，也摸不着，却能牵肠挂肚地在我们心里翻腾。当你最困苦时，会因为想到那份爱而感觉振奋；当你在孤独的时候，也会因为触及一件带着爱的纪念品而感觉温馨。

从前有一位父亲写信给他在国外读书的孩子，信是这样的——

"亲爱的孩子，我好久好久没收到你的信了！而在这期间我已经寄出七封，你是换了地址吗，还是因为功课忙？又难道是身体不舒服？但我实在担心，整天跟你母亲轮着出去看信箱，我们的生活似乎就是为了等你的信了。

"如果你实在太忙，只要写几行字，告诉我们安好，就成了！甚至你只要寄张明信片，上面不必写字，毕竟从地址上我们可以看出你的笔迹，也表示你一切都好。

"当然如果因为交通不方便，或是踩着雪去买邮票，你就不要急着回信，免得受寒或在冰上滑跤，你可以等春天暖和了再给我们消息。

"但是，孩子，我们实在很想你呀！"

这位深爱着孩子的父亲，尽管望眼欲穿地等着孩子的信，到最后，却为了怕孩子去买邮票受寒，而"请孩子不要急着寄"了！

父亲期盼的是一封信，而从他的期盼中流露的浓浓的父爱正是最宝贵的财富。

当我们看待事物时，无须太津津乐道于可视的、物化的成果，也应该想办法看一看在这些事物中积累了哪些看不见的财富。

　　人在梦想中所期望的，都是看得见的东西。如豪宅，包括林边的豪宅，湖边的麦田边上的豪宅，带露台、可以在月夜下喝咖啡的豪宅；又如钻戒、去世界各地旅游、攒够充当一个小资应备的琐碎玩意儿。这就是生活的物质性，只有物质的生活才能表达生活的实在价值。如果生活不能被物质化，你的努力和乞丐的不努力有什么区别？一个读了10年金融专业的博士和一个守夜人又有什么区别？物质特征告诉别人你是谁，你做了些什么，以及你现在身在哪里，这就是物质对人的梦想的回答。这种回答不一定准确，也不见得公平，物质答不出来所有的问题。比如，劳力士手表和路易·威登旅行包可以回答其拥有人过着一种优裕的生活，但回答不出其拥有人是否健康、幽默和智慧。这不是物质所能回答的问题。

　　在梦想的实现过程中，答案分成了两部分。一部分向左转，化为物质；一部分向右转，变成精神。精神是什么？如同沉淀到骨骼当中的钙元素。人在努力过程中沉淀的毅力、自信心和勇气，就是沉淀到人格当中的精神。它们不被人们看到，但比被看到的更宝贵。它们宝贵在哪里？物质的东西，可得也可失，豪宅、钻戒、汽车，包括身份地位都可能由于难以预料的原因而失去。然而精神不灭，人积累于内心的情感不会被剥夺。有它就有希望，即使所有的物质都消失了，你还可以建构你物质财富的新天地。

培养自我控制的能力

一个做事光明磊落、生气蓬勃、令人愉悦的人，到处受欢迎。

不急不躁、不怨天尤人、不轻易发怒是良好的品质，拥有这种品质的人往往比急躁的人更能应付种种困难，解决种种矛盾。

在宾夕法尼亚州的切斯特，有一个以耐心而出名的布店店主。曾经有人想考验考验他的耐心。这个人来到店里，一会儿要这种布料，一会儿要那种布料，挑来拣去，看了半打不同款式和颜色的布料，最后磨磨蹭蹭地选了一种，要店主裁成一美分大小。店主不动声色地拿来一枚一美分的硬币，照着硬币的样子心平气和地裁出一小块布，用纸包起来递给他。

性格的力量包含意志的力量和自制的力量两个方面。自制力的存在有两个要求——强烈的情感和对情感坚定的掌控。

曾经，有一个刺客闯入了惠灵顿公爵的书房，他说："我叫亚玻伦，有人派我来刺杀你。"公爵说："刺杀我？真奇怪。"刺客把话重复了一遍："我是亚玻伦，我一定要杀了你。""一定要在今天吗？""他们倒没有告诉我在哪一天或者什么时候，但是我必须完成任务。"公爵说："那现在可不方便。我很忙——我有很多信要写。你下次再来吧，我等着你。"说完，他继续写他的信。公爵的严厉、从容、大度和镇静使刺客大为吃惊，他走出去，再也没有回来。

自制是刚毅的本质，也是性格的灵魂。

亚伯拉罕·林肯刚成年的时候，是一个性急易怒的人。但后来，他学会了自制，成为一个富有同情心、说服力和耐心的人。他曾经对陆军上校福尼说："我从黑鹰战役开始养成了控制脾气的好习惯，并且一直保持下来，这给了我很大的好处。"

在 33 岁以前，亚历山大就在伊萨斯、格拉尼卡斯和阿拜拉等处打了胜仗，建立了世界上最宏大的帝国。但是，这位满载荣誉的年轻的希腊英雄却被自己的欲望征服了，他像白痴一样在巴比伦花天酒地，在放荡堕落的生活中死去。

拿破仑在重大战役中赢得了 100 多次激烈战役的胜利，然而，当他被囚禁于大西洋一个荒芜的小岛上时，他却与哈德逊·洛尔爵士就礼仪和香槟问题发生了不光彩的争论。

每个人都兼具理性与感性，对大小琐事都想用理智来衡量是不可能的，而且大部分行为都是以感情为出发点，这是人性真实的一面。往往因为旁人的一句话，便耿耿于怀，动辄勃然大怒，时而血脉偾张，血液充满脑部，根本无法控制自我。等到情绪平静后，才来懊悔当初。因个人某方面致命的弱点或缺陷而归于失败的人，在失败者中也不在少数。这样的人，一定要培养自我控制的能力，克服急躁的情绪。

能够支配自我，控制情感、欲望和恐惧心理的人会更容易获得成功；相反，不能自控的人则经常会因为情绪和冲动迷失前进的方向。一个无法控制自己的人既不能管理好自己的事务，也不能管理好别人的事务。任何一个人都可能在缺乏教育和健康的条件下成功，但绝不可能在没有自制力的情况下成功！

操控好自己的情绪

自古以来，对于人的评断标准，只看一个人的涵养、行事的风格，就知道是否可以成为可塑人才，是否有大将之风。因此你要成为一个成功者，除了常识与能力之外，还要懂得如何操纵自己的情绪，不因一时的冲动和怒气而误了大事。

在荷兰阿姆斯特丹有一座 15 世纪的寺院，寺院的废墟里有块石碑，石碑上刻着"既已成为事实，只能如此"。

1914 年 12 月，大发明家托马斯·爱迪生的实验室发生一场大火，损失超过 200 万美金。他一生的心血成果在大火中化为灰烬。

大火在最凶的时候，爱迪生的儿子查里斯在浓烟中发疯似的寻找他的父亲。他最终找到了：爱迪生平静地看着火势，他的脸在火光摇曳中闪亮，他的白发在寒风中飘动着。

"查里斯，你快去把你母亲找来，她这辈子恐怕再也见不到这样的场面了。"第二天早上，爱迪生看着一片废墟说道："灾难自有它的价值，瞧，这不，我们以前所有的谬误过失都被大火攻了个一干二净，感谢上帝，这下我们可以从头再来了。"

火灾过去不久，爱迪生第一部留声机就问世了。

天有不测风云，人有旦夕祸福。人活在世上都难免要遇上几次灾难或许多不愉快的事。有些事是可以抗拒的，有些事是无法抗拒的。面对这些困境，只能接受它、适应它。否则忧闷、悲伤、焦虑、失眠会接踵而来，最后的结局是，你不能改变事实，而是让事实改变了你。

被称为世界剧坛女王的拉莎·贝纳尔，一次在横渡大西洋途中，突遇风暴，不幸从甲板上滚落，足部受了重伤。当她被推进手术室，面临锯腿的厄运时，突然念起自己所演过的一段台词。记者们以为她是为了缓和一下自己的紧张情绪，可她说："不是的！是为了给医生和护士们打气。你瞧，他们不是太正儿八经了吗？"

拉莎·贝纳尔手术圆满成功后，她虽然不能再演戏了，但她还能讲演。她的讲演，使她的戏迷再次为她而鼓掌。

拉莎·贝纳尔和爱迪生，面对无法抗拒的灾难，都用乐观和坦然的心态对待，踏出焦虑、悲伤的圈子，又跨上一个新的里程。当你遇到无法改变的灾难或无能为力的事情时，耸耸肩，默默地告诉自己："忘掉它吧！"紧接着要往头脑里补充新东西。当你失意或无助时，最好的办法是用繁忙的工作去补充，也可以通过参加有兴趣的活动去转换。

当你的情绪处于进取的状态时，自信、乐观、兴奋、快乐，能让你的能力源源不断地涌出；当你的情绪处于瘫痪状态时，沮丧、恐惧、焦虑、悲伤，会使你浑身无力。很少有人有意识地控制自己的情绪。他们的情绪像天气一样变化无常，一会儿沮丧，一会儿兴奋。运气好时，如登山顶；运气差时，如坠深谷。大部分人让情况控制情绪，而不是让情绪控制情况。如果情况好，他们的情绪也好；万一情况不利，他们的情绪也跟着不好。

当你情绪不佳时，你不妨立刻在脸上堆满笑容，这是改变情绪最快的方法。我们脸上总共有80多条肌肉，如果这些肌肉习惯了呈现沮丧、胆怯、冷漠、失望和无奈的表情，那么它们便会

不时地以这些负面的牵动方式控制我们的情绪。如果你真希望改变自己的人生，你不妨每天 5 次，每次一分钟地面对镜子摆出个大笑脸。这么做或许有些可笑，不过只要你做得勤快，这个动作便能和你的神经系统搭上线，进而形成一条神经渠道，使你养成习惯性的快乐，从而改变你的心情。科学研究表明，人并不是在心情愉快时才会微笑或大笑；相反，当我们微笑或大笑时，便会启动生化机能，使我们感到很愉快。

既要有热情，又要有理性

林语堂说过："如果我们没有情，我们便没有什么东西可以做人生的出发点。情是人生的灵魂，星辰的光辉，音乐和诗歌中的韵律，花中的快乐，禽鸟的羽毛，女人的美艳，学问的生命。谈到没有情的灵魂，正如谈到没有表情的音乐一样不可能。这种东西给我们内心的温暖和丰富的活力，使我们能够快快乐乐地面对人生。"

生命因为热情而产生，我们只有对其充满热情才能真正地把它发扬光大。所以，我们要培养自己对世界的热爱之情，要格外珍惜这种情感，只要所做的事不违反道德原则，热情过点头也没什么。即使因为热情而碰了钉子、遇了挫折也不要动摇对热情的信念，因为此时需要怀疑的是热情的对象而绝非热情本身！

热情就是袒露你的胸襟，但是有的人却不善于表达自己的感情。

奥布里的妻子说，对奥布里来说最重要的事情，就是看到他的孙子、孙女们。如果他事先知道他们要来玩，就会整天期待兴奋得不得了。如果他们到时间还没来的话，奥布里就5分钟说一次："到底什么事，让他们耽搁了？"可是等他们一来，奥布里就走进屋子，留下他妻子一人迎接他们。孩子们在院子里玩的时候，奥布里就从窗子里望着，他们不来看他，他就显得难过。可是来了，奥布里又几乎不和他们讲话。

奥布里认为自己这个样子，是因为别无选择。他已经老了，他能和小他60岁的孙子们说些什么呢？他能与他们共享什么呢？他总不可能和孙子们一起捉迷藏……

有热情，就不要羞于表达。制造一些特殊的情境，给你所爱的人一些小礼物，以抚摸去表示你的热情。实际上，不论是一句话，还是一个行动，只要能表达感情，都是可取的，投入感情的爱意，任何行动都将使人耳目一新。

如果空谈炽热的情感，只会落入感性的火坑之中。健全的人生还包括的重要一方面是理智方面的修养。伟大的哲学家苏格拉底曾经说过："没有理念，心灵便没有可以依据的东西，因此便摧毁了推理的过程。"

年轻的莫泊桑曾经去向作家福楼拜求教。福楼拜翻看了一下莫泊桑带去的作品，就不假思索地还给了他。但见莫泊桑是那样虔诚，不忍就这样打击他的热情。福楼拜想了想，对莫泊桑说："你不要急着写东西，当你走到一个坐在自己店里的杂货商人面前，走到一个吸着烟斗的守门人面前，走到一个马车站时，你给我描绘一下这个杂货商人和这个看门人，他们的姿势，他们整个的身体外貌，要用画家那样的手腕传达出他全部的精神实

质，使我不至于把他们和任何别的杂货商人、任何别的守门人混同起来。还请你用一句话让我知道马车站有一匹马和它前前后后五十来匹是不一样的。"

福楼拜是在用理智的指标要求莫泊桑。莫泊桑回去后严格按照福楼拜所说的去做，经过一段时间的自我训练后，他养成了良好的写作习惯，终于成为法国文坛上一颗耀眼的明星。

热情与理性是健全人生的两大支柱。热爱之情，是人类情感中最炽热的感情，它就像一个神奇的魔镜。有了它，再平淡的生命、再单调的生活，也会变得五彩缤纷、光辉灿烂。同时，热情必须由理智来引导。由理智引导的热情，是社会前进的动力；而没有理智引导的热情则是疯狂的，是必然造成社会倒退的疯狂。

（一）寻找你的长处：发现自身的优势

第二章

发现自我优势：获得非同一般的成就

（一）发现优势：充分地认识你自己

充分地认识自己的优点和缺点

要想发现你自己的优势，首先就要充分地认识你自己。只有在认识你自己的时候，你才会发现自己有很多的优点，才能真正做到把自己的优势挖掘出来，发挥得淋漓尽致。

在希腊帕尔纳索斯山南坡上，有一个驰名古希腊的戴尔波伊神托所。在神托所入口的石头上刻着两个词，用现代话来说，就是：认识你自己。古希腊哲学家苏格拉底经常引用这句格言，后世人们认为这是他讲的话。但在当时，人们则认为这句格言就是阿波罗神的神谕。这其实是家喻户晓的一句民间格言，是希腊人民的智慧结晶，后来才被附会到大人物或神灵身上去的。两三千年前的这句格言直到今天对人们来说还有着同样重要的意义，它时刻提醒着人们认识自我、把握自我、实现自我。

发现你的优势的关键就是要认清你自己。只有当你认识自己之后，你才能客观地评价和正确对待你自己的优点和缺点。你知道自己行为上的不足之处以及情感上的缺陷，才能想方法来克服这些不足——取人之长，避己之短。

美国跳水运动员格里格·洛加尼斯开始上学的时候很害羞，在讲话和阅读上遇到了困难，为此他受到同伴的嘲笑和捉弄，这令洛加尼斯非常沮丧和懊恼，但他发现自己非常喜欢并且精通舞蹈、杂技、体操和跳水。他知道自己的天赋在运动方面而不是学习。当认清这些之后，他开始专注于舞蹈、杂技、体操和跳水方面的锻炼，以期脱颖而出，赢得同学们的尊重。由于他的天赋和努力，他开始在各种体育比赛中崭露头角。

在上中学时，洛加尼斯发现自己有些力不从心了，因为无论是舞蹈、杂技、体操、跳水，都需要辛勤地付出，他不可能有很多时间和精力去做这么多事。他知道自己必须有所舍弃了，只能专注于一个目标。但他不知要舍弃什么、选择什么。这时，他幸运地遇到了他的恩师乔恩———一位前奥运会跳水冠军。经过对洛加尼斯的观察和询问后，乔恩得出结论：洛加尼斯在跳水方面更有天赋。洛加尼斯在经过与老师的详细交谈后，认为自己的确更喜欢跳水，他认识到以前之所以喜欢舞蹈、杂技、体操，是因为这些可以使他跳水更得心应手，可以为跳水带来更多的花样和技巧。他恍然大悟，于是专心投入跳水中去。

经过专业训练和长期不懈的努力，洛加尼斯终于在跳水方面取得了骄人的成就。由于对运动事业的杰出贡献，洛加尼斯在1987年获得世界最佳运动员和欧文斯奖，达到了一个运动员荣誉的顶峰。

从洛加尼斯的例子中我们可以知道，一个人要实现自己的人生价值，就得正确地认识自己。我们的成功是融合了天赋才能、环境背景、技术及生活经验的。不可否认，我们经常是根据经济需求及家庭因素来决定人生的方向。不过，如果想要以最有效的方式来开创生活，就必须尽早地发掘我们天赋的才能，而且越早发现越好。

挖掘自己的优势

有一个法国人，在学习、工作和事业上都很不顺心。他没有好的家庭背景，只有中学学历，在一家小公司里从事打扫厕所卫生的工作。他对自己缺乏信心，觉得自己的人生充满悲哀和无奈。几乎整整五年，他每天早上起床后，就一成不变地上班、干活，与有限的几个朋友来往。他已经接受了这种生活方式，认为自己的生活只能如此。

有一天，一位老人搬到了他的隔壁。这位老人号称不仅能预知未来，还知道别人的前生。每天上下班时，年轻人经常会碰见老人并和他聊几句。有一天，老人坐在年轻人身边，称已经感觉到了年轻人的前生。老人告诉年轻人，他的前生是拿破仑，是历史上最伟大的政治家、军事家和领导人之一。拿破仑虽然出身卑微，但却通过勤奋和努力从科西嘉岛的平民成为法国陆军的军官，最终成为法兰西帝国的皇帝。

年轻人表面装作极不相信地离开了，但心里却有了一种从未有过的伟大感觉。他对拿破仑产生了浓厚的兴趣。回家后，他就想方设法找到与拿破仑有关的一切书籍来学习。他开始了解拿破仑的生活，以及他的领导才能、性格和品质方面的细节和优势。他慢慢地发现，自己身上也潜藏着同样的一些优势。他研究拿破仑在领兵打仗时表现的领导才能、指挥才能和统帅才能，越来越发现自己也具有同样的潜能。

他开始研究其他军事将领，研究军事史。他还研读了商场和战场领导方法的书。他时常发现，自己具有历史上各国领导者表现的许多相同的优势。这些优势越积越多，在工作中，他的言谈举止就越来越像一位领导者。

他主动请求改变自己的工作职位，承接一些他原先想都没有想过的任务。公司领导感觉到他不再是以前那个无所事事的员工，全身都透出一种精明能干的干劲，于是开始交给他一些挑战性的工作。每次遇到更难的工作时，年轻人已不再胆怯和害怕，他全身心地投入工作，并出色地完成任务，并在业余时间学习与工作有关的业务知识。他所了解的知识越来越多，经验也越来越丰富。他的职位得到不断提升。

经过几年的进步，他已经完全摆脱了以前那种认为自己毫无优势的形象，彻底转变成了一个大胆、自信的管理者，成为行业的佼佼者。

这个年轻人的改变并不是奇迹，在他没有意识到自己的优势潜能之前，只能流于平庸而且清贫地生活，他一成不变地任由噩运的摆布，浑浑噩噩五年多而无所获。但是，当他真的认为自己的前世是拿破仑以后，他对自己的人生态度就有了改观。他开始以拿破仑的品质和处事方法来要求自己，从拿破仑身上学习他赖以成功的优势，从而使自己在无形中也具有了这些优势。在这些优势的塑造过程中，他的处事方法也发生了巨大的转变。他在不断进步中获得了优势，并发挥出了优势，所以在事业上也青云直上，终有成就了。

每个人都有超越于他人的独特优势，这些优势如同潜藏在地底下的火山，蕴藏着无穷的能量。如果能及早地发现这些优势，并把这些优势发挥出来，那么，每个人都能获得非同一般的成

就。在现实生活中，有的人潜心于忙碌和奔波，却忽视了去发现和挖掘自己的优势，这就等于是忽视了"磨刀不误砍柴工"的重要性，延缓了成功的速度。所以，要想早日登上成功的顶峰，最快的捷径就是：现在，就去发现能改变你一生的优势。

找到你最大的优势

莫扎特7岁那年在莱茵河畔法兰克福开完音乐会以后，有个14岁的少年走到他跟前说："你演奏得多精彩！可我总学不好。"

"为什么？你再试试看，如果不行，就作曲吧。"

"我写诗……"

"那挺有趣。写好诗大概比作曲还难吧？"

"不难，容易极了。你可以试试……"

同莫扎特谈话的少年是歌德。歌德没有作过曲，莫扎特也没有留下诗，但他们都利用攻其一点的方法把自己的特长发挥到了极致，所以他们的成功都是辉煌的。

洛威尔说："做我们的天赋所不擅长的事情往往是徒劳无益的，在人类历史上因为做自己不擅长的事情而导致理想破灭、一事无成的例子举不胜举。"很多人往往一时很难弄清自己的优势所在或擅长什么，这就需要你在实际中善于发现、认识自己，不断地了解自己，做到扬长避短，进而成就大事。

作家斯贝克一开始并没有意识到自己会成为作家，曾几次改行。开始因为身高优势，他爱上了篮球运动，成了市男子篮球队队员。因为球技一般，年龄渐长，他又改行当了专业画家。他的画技也无过人之处，他给报刊绘画时，偶尔写点短文，终于发现自己的写作才能，从此走上了文学创作的道路。

大凡成大事者，成功的关键都是掌握了自身的优势，并加倍强化这种优势，完全投入自己所喜欢的项目之中，将这种优势发挥到极致。

只有你的天赋与个性完全和手头的工作相协调，你做起来才会得心应手。在某一段时间里，你也许不得不做一些自己不喜欢的事，并为此苦恼，但是，你要尽早使自己从这种状态中解脱出来。英国散文家托马斯·卡莱尔说："世界上最不幸的人要数那些搞不清自己究竟想做什么的人。他们在这个世界上找不到适合他们干的事，简直无处容身。"

发现自己，喜欢自己

珍惜现有的并予以发挥，发现自己，喜欢自己，才能拥有充实、快乐的人生。要生活在"现在我拥有什么"，而不要生活在"现在我没有什么"的心态里。

许多人常爱自我烦恼，经常批评自己的缺点，造成自怨自艾，信心崩溃。这样的人，面色凝滞无神，生活单调乏味。相反，有些人不断地发掘自己的优点，逐一把它体现出来，他们的人生就能显出灿烂的光彩。

多年前，英国青年布莱恩两条腿被火车碾断了。丧失劳动能力的他比一贫如洗的人还要贫穷，因为他缺少了两条腿。然而，布莱恩却靠着还剩下的唯一的优点——对登山的爱好——让自己

重新站了起来。他装上假腿，登上瑞士境内的大山，并四处募捐慈善基金。他永不服输，攀登阿尔卑斯山的爱格峰，用他的假腿蹒跚而行，攀过峭壁，终于登上了爱格峰峰顶。布莱恩还推广残疾人户外活动，造福残疾人。

像布莱恩这样的人，能朝气蓬勃生活得多姿多彩，把生命的意义发挥到极致，个中原因是他喜欢自己，对自己所拥有的充分肯定。

做人最大的失败，是认识不到自己的优势，进而灰心丧气。你虽然有许多不足和缺点甚至错误，但你应该喜欢你自己，说自己的话，做自己的事，交你自己的朋友，这样你才能活出你自己。

阿尔伯特·爱因斯坦曾经收到一位农夫寄给他的一封信，农夫说他给自己儿子取的名字也叫阿尔伯特，希望爱因斯坦写几句话，作为孩子长大时的座右铭。爱因斯坦在回信中说："真正有价值的东西，并非从野心或只有责任感产生，而是从对人及事物的爱与热忱中产生。"每个人必须先对人及事物产生爱与热忱，才能拥有坚强的信心。只有喜欢自己的人才能做到这一点。

发现自己，喜欢自己。换句话说，就是明确自己的优势所在，然后尽量发挥你的长处，让你既愉快又有效。从人的个体差异看，资质有不同，天分有高低，这确实是客观存在，但天生万物，自然也各有其位，各有其用。就我们自身来说，你能坚持不懈，勤勉奋斗，终其一生自然总能有自己可以成就的事业。别人才高八斗，他干大事能成功，自己才智不及，但小事也能做出成就。这小事在别人看来，也许如同芥子之微不足道，但于你自己的人生却不能说不重要，因为它充实了你生命的过程，使你的一生不至于在自怨自艾中虚度。

任何一位普通人，只要喜欢自己，能引发自己的自信心，便会积极进取。善于发觉自己优点的人，就有了滋润信心的沃土。它引导一个人孜孜不倦地学习，他想办到的事情也必能办得到。有的青年因为找不到工作而烦恼，甚至常常感到失落和无奈。他想找工作，但因没有合适的公司而茫然失措，有时他可以考虑充分发挥他自己的优势，不考虑哪一行业有利可图。每个人都有自己的优势，在合适的时候就会发挥。发挥并肯定自己的优点，依自己的本真去生活，就能发挥自己的潜能。一个能发挥特长的人，就容易获得成功。

（二）挖掘潜能，找到适合自己干的事情

你也有自己的优势

每个人都潜藏着独特的天赋，这种天赋就像金矿一样埋藏在我们平淡无奇的生命中。那些总在羡慕别人而认为自己一无是处的人，是永远挖掘不到自身的金矿的。

一个穷困潦倒的青年，流浪到巴黎，期望父亲的朋友能帮他找一份谋生的差事。

"数学精通吗？"父亲的朋友问他。

青年羞涩地摇头。

"你懂物理吗？或者历史？"

青年还是不好意思地摇头。

"那法律呢？"

青年窘迫地垂下头。

"会计怎么样？"

父亲的朋友接连地发问，青年都只能摇头告诉对方——自己似乎一无所长，连丝毫的优势也找不出来。

他父亲的朋友对他说："可是，你要生活呀！将你的住处留在这张纸上吧！"

青年羞愧地写下了自己的住址，急忙转身要走，却被父亲的朋友一把拉住了："年轻人，你的名字写得很漂亮嘛，这就是你的优势啊！你不该只满足找一份糊口的工作。"

把名字写好也算一种优势？青年在对方眼里看到了肯定的答案。青年人受到鼓励以后自信了很多，他想：我能把名字写得叫人称赞，那我就能把字写漂亮，能把字写漂亮，我就能把文章写得好看……他一点点地放大看自己的优势，看到了成功的希望。

数年后，这个青年果然写出了享誉世界的经典作品。他就是法国 19 世纪著名作家大仲马，他写的《基督山伯爵》和《三剑客》受到世界各国人民的喜爱。

把名字写得好，也许你对此不屑一顾：这算什么！然而，不管这个优点有多么"小"，但它毕竟是一种优势。大仲马便以此为基础，扩大他的优势范围。名字能写好，字也就能写好；字能写好，文章为什么就不能写好？

世间有许多平凡人，拥有一些诸如"能把名字写好"这类小小的优势，但由于自卑等原因常常被忽略了，没能抓住这些优势，把它放大，结果失去了许多可以成功的机会，这实在是人生的遗憾。须知每个平淡无奇的生命中，都蕴藏着一座丰富的金矿，只要肯挖掘，哪怕仅仅是微乎其微的一丝优点的暗示，沿着它也会挖掘出令自己都惊讶不已的宝藏。

许多人成功，都源于找到了自身的优点，并努力地将其放大，放大成超越自己和他人的明显优点。我们每一个人，特别是不自信的人，切不可低估自己的能力，而对自身的小优点视而不见。你不要死盯着自己学习不好、没钱、相貌不佳等不足的一面，你还应看到自己身体好、会唱歌、字写得好等不被外人和自己发现或承认的优点。把这些优点发挥出来，更进一步地放大，你也可能因此而成功。

人人都有一种成功的潜能

能够成就大事业的人，永远是那些敢于唤醒生命潜能的人。普通的人之所以平凡，是因为他们没有发觉到自己沉睡着的"神圣潜能"，不能把潜能唤起，从而失去了人人是英雄豪杰的自信心，而安然于普通平凡之中。

印度有一个流传千年的故事：

有位富翁只有一个女儿。一天，富翁布告天下，要公开招一位女婿，中选者可以得到富翁所有的财产。没过几天，几百名应征者聚集到富翁别墅的游泳池边。

富翁宣布："谁最先从这边游到对面，谁就有资格成为我的

女婿，并继承我的全都财产。"富翁的话刚说完，应征者都认为这是件很简单的事，因而挤在游泳池边准备跳下。但是，当用人把游泳池上的帆布打开，池中却有十几条张着大嘴的鳄鱼虎视眈眈地浮沉着。刹那间，大家都退缩了，谁都不敢跳下游泳池。

此时，有一位年轻人被站在后面的人往下一推，掉下游泳池，这位年轻人为了活命，潜在能力突然间发挥出来，促使他拼命往前游，结果连鳄鱼也没追上他。

当他爬上游泳池后急忙找寻刚刚推他下去的人时，旁边有人说："你还计较谁推你下去干吗？你已成为富翁的女婿，并得到所有的财产了。"那位年轻人说："不，我要感谢刚刚推我下水的人，没有他的一推，我还不知道我的游泳速度这么快，并且可以得到财产与幸福，所以我要万分感谢他。"

这个故事强调了这一点：在我们每个人身上都酣睡着巨大的潜能。但不幸的是，这些潜能我们自己并没有察觉到，更可悲的是，有人终其一生，都没有找到自己身上的潜能。

我们每个人的身体内部都蕴含着相当大的潜能。爱迪生曾经说："如果我们做出所有我们能做的事情，我们毫无疑问地会使自己大吃一惊。"追求成功，最重要的一点就是要相信自己的能力，看好自己身上的潜能，从开发自身的潜能延展开来，走出一条真正属于自己的成功之路。

一位农夫在谷仓前注视着一辆轻型卡车快速地开过他的土地。他14岁的儿子正开着这辆车，由于年纪还小，他还不够资格考驾驶执照，但是他对汽车很着迷——而且似乎已经能够操纵一辆车子，因此农夫就准许他在农场里开这辆客货两用车，但是不准开到外面的路上去。突然之间，农夫看见车子翻到水沟里去了，他大为惊慌，急忙跑到出事地点。他看到沟里有水，而他的儿了被压在车子下面，躺在那里，只有头的一部分露出水面。

这位农夫并不很高大，只有170厘米高，70公斤重，但是他毫不犹豫地跳进水沟，把双手伸到车下，把车子抬了起来，让另一位跑来援助的工人把那失去知觉的孩子拖出来。

当地的医生很快赶来了，给男孩检查了一遍，只有一点皮肉伤需要治疗，其他毫无损伤。这个时候，农夫却开始觉得奇怪了起来，刚才他怎么能一个人将卡车抬起来？由于好奇，他决定再试一次，结果他根本动不了那辆车子。医生说这是奇迹，对他解释说身体机能对紧急状况产生反应时，肾上腺就分泌出大量激素，传到整个身体，产生额外的能量。这也许是他可以抬起车子的唯一解释。

每个人都具备潜能，很多能力都是靠自己深挖掘才能表现出来。优秀的人就是那些懂得如何充分挖掘潜能的人。

人有无限发展的潜能，因此，从理论上说，只要我们努力且方法得当，我们就能战胜自己的弱点，甚至转弱为强。但问题是，人没有无限发展的时间，而且人的潜能又是分布不均衡的。因此，要想在有限的时间实现自己，实质上指的就是实现自己的优势潜能。

充分挖掘自己的潜能是生命的意义之一，但生命如此短暂，人的潜能又如此多样，我们又有什么必要把生命的能量耗费在事倍功半的弱势潜能上？所以，我们要牢牢盯住自己的优势潜能，去发掘它，去成全它，使它得以充分地发展和表现；而对于自己

的弱势潜能，如果不是十分必要，暂时先不去管它。等到某一天，当我们随着自身优势潜能的实现而具有成就感、自信心和幸福感时，当我们进入发展的良性循环时，由于正迁移的作用（即学过的或已有的经验对新学习活动产生良好影响的现象），我们自身的弱势潜能也可能会被调动出来。当我们有时间、精力和愿望去发掘它时，也会比现在轻松、自如得多。

所以，让我们做个聪明人，别光盯着自己的弱点，找找自己的优势潜能，并把它发挥出来吧！

把你的优势列一张清单

大多数成功者都是善于运用自己的所有优势的人。他们不但珍视自己的优势，而且懂得不断地发现和挖掘自己的所有优势，发挥这些优势的最大效应。

曾经有位 52 岁的先生找著名的演说家罗曼·文森特·皮尔咨询。他的意志极为消沉，表现了极端的绝望，他说他"全完了"。他告诉罗曼·文森特·皮尔，他一生费尽心血建立的一切全都成了泡影。

罗曼·文森特·皮尔看到他充满绝望的眼神非常同情，决心帮助他重新鼓起生命的信心和勇气。罗曼·文森特·皮尔对他说："那么，我们拿一张纸，写下你剩余的财产还有什么。"

"没有了，"那个灰心的先生叹了口气说，"我什么都没有剩下。"

罗曼·文森特·皮尔坚持还是写一写，于是问他："你太太还跟你在一起吗？"

"她当然还跟我在一起，而且我们感情还很好。我们结婚30年了，不管事情有多糟，她都不会离开我。"那人回答。

罗曼·文森特·皮尔又接着问："很好，我把这个记下来——太太还跟你在一起，而且不管发生什么事，她都不会离弃你。那么你的儿女呢？你有小孩吗？"

"有啊！"他答道，"我有三个子女，也都很棒。他们会一起到我面前说：'爸爸，我们爱你，我们会一直和你站在一起。'我每次都被感动得不行。"

"那么，"罗曼·文森特·皮尔说，"这就是第二项了——三个爱你、愿意站在你身旁的子女。你有朋友吗？"

"有，"他说，"我真的有几个很不错的朋友。我必须承认他们和我的关系一直都不错。他们会来看我，然后说他们想要帮我，但是他们能够帮什么呢？他们什么都帮不了。"

"那就有第三项了——你有一些愿意帮你而且尊重你的朋友。那么，你是否正直诚实呢？你有没有做什么错事？"

"我的正直诚实没有问题，"他回答，"我一直坚持走正道。"

"很好。"罗曼·文森特·皮尔说，"我们把这个列入第四项——正直诚实。那么你的健康呢？"

"我的健康情形不错，"他回答说，"我很少生病，我想我的身体状况应该不错。"

"现在我们又可以记下第五项了——身体状况不错。"罗曼·文森特·皮尔说，"现在，我们把列出的资产看一遍"：

一个好太太——结婚 30 年；

三个忠实的子女，愿意站在你的身边；

愿意帮助你并尊重你的朋友；

正直诚实——没什么羞耻的地方；

身体状况不错。

罗曼·文森特·皮尔把这张写好生命资产的纸递给他，说："看看这个，我想你有不少资产哩。你并不是你自己所想象的那样一无所有呀！"

这个灰心丧气的人看到纸上列举的资产，感到自己真的并不像想象的那么糟糕："我想我当时大概没想到这些东西吧！我没有想到从这个角度来看事情。或许事情还不算太糟，或许我可以重新来过。"他果然放弃了失望和颓废，东山再起。

生活的打击、问题的复杂会使你的能量枯竭，使你觉得沮丧，筋疲力尽。在这样的情况下，你的力量是晦暗不明的。人们往往沉浸于这种未经主宰的沮丧之中。这时候，你必须能够再次评价你生命的资产。只要你有合理的态度，这个评定会让你知道你并不真像自己想的那么失败。

肖剑大学毕业以后，到一家私企就职，每月薪水 3000 多元，干的是自己喜欢的专业，可谓春风得意。可是近来情况变得很糟，他整天情绪低落、酗酒，因为他感情生活遭到了巨大的打击。他工作开始出错，没来头地怠慢同事。上司多次找他谈话，暗示他已不再受欢迎，他被迫辞职。他绝望了，甚至想到了自杀。

为了挽救肖剑，朋友们想了许多办法，但都未能奏效。后来，他们请来一位心理医生。医生拿出事先准备好的表格让肖剑填写。方法很简单，只是要求肖剑用彩笔将他认为符合的条款着色。几分钟后，医生接过肖剑填好的表格后，在页眉写上"肖剑具有以下 6 种人生优势"的标题。

医生把肖剑的优势列出来，并鼓励他在这些优势方面努力。肖剑重新振作了起来，找到了一份工作，虽然薪水大不如前，专业也不大对口，但他干得非常投入。他时常把他的优势清单拿给朋友们看。他说，我年轻有健康的身体，有专业知识和经验，有知心朋友……足够了，这些优势足以让我幸福地生活。

人都有缺点，也许有很多还很严重，但同时也有许多优点。人生的最大价值是由你最突出的优点来决定的，而不是由缺点来决定。这方面最明显的例子是影视、体育明星。一个人如果总盯着自身的缺点、劣势的话，就像你永远站在阴影下一样，你只能是心理负担越来越重，直至精神崩溃。当你为自己列出一份优势清单后，你会发现，自己有很大希望，完全有不消沉的理由。

每个人都有一笔丰富的资产，如果你不善于去发现它，运用它，它就沉睡在被人遗忘的角落。把你的优势列成一张清单，会让你感到自己并非一无所有，会让你看到自己的生活中还有无穷的、可以支持你的力量。只要你把自己所有的优势都清点起来，你会发现，你还有很多可以运用的资本。

（三）突破局限，做前人所没有做的人

发挥自己的才能优势

有人问古希腊犬儒学派的创始人安提司泰尼："你从哲学中获得了什么呢？"他回答说："发现自己的能力。"如果我们缺乏发现自己的能力，也就是缺乏对自己的怀疑、反省、忏悔的能力，缺乏深入探究事物真相和本质的能力。

有很多人之所以没有成功，就是因为不了解自己的能力。我们往往在还没有衡量清楚自己的能力、兴趣、经验之前，便盲目地追寻一个过高的目标——这个目标是和别人比较得来的，而不是了解自己之后确定的，所以经常会受到辛苦和疲惫的折磨。而真正的智者对自己的能力优势了如指掌，不会因为别人的评价而改变对自己能力的肯定。

1775 年 6 月，在美国独立战争爆发几星期后，约翰·亚当斯在费城召开的大陆议会上提名大陆军总司令的候选人时，他站起来大声喊道："先生们！我知道这些条件是要求过高了，但我们都必须认识到，在此危急存亡之际，作为一位总司令，我认为这些条件是必须具备的。会不会有人说，全国找不到一个这样的人呢？我可以回答你们，在我们中间就有一位。他，就是乔治·华盛顿。"大陆议会一致投票通过亚当斯的提名。

然而，当时年仅 34 岁的华盛顿，并没有如人们想象的那样欢欣雀跃，或轰轰烈烈地庆贺一番，而是"眼睛闪烁着泪花"，说了这样一句话："这将成为我的声誉日益下降的开始。"

华盛顿获得提名后，并没有陶醉于荣誉之中，相反，他能够保持清醒的头脑，考虑到的首先是自己的能力与大陆军总司令所必须具备的条件之间的差距，明白这一职务是对自己能力的挑战和考验，而不是表面的荣耀和权威。

众多历史事实表明，正是由于华盛顿高标准、严要求地对待自己，所有这些都为他后来荣任美国第一任总统打下了坚实的基础。

了解自己的才能，能提高我们的自信心，让我们对生活更有满足感。

娜达莎是一位著名的化妆品销售员，但她却是从44岁起才开始对自己有了信心，并真切地感受到自己的价值。

娜达莎24岁时结婚，一直在家里做了20年的家庭主妇。当她的孩子出去念大学时，她已经44岁了。由于她的丈夫经常出差和工作，她很快就觉得生活十分无聊，有时甚至觉得很沮丧。于是，娜达莎决定找份工作。然而她所学到的工作技巧，仅仅是换尿布、洗衣服、喂小孩、照顾小孩和接送他们上下学，因此在她开始找工作的第一个月里，她甚至连一个机会也没有。

然而，有一天中午，在经过了两次失望的面谈后，她到一家餐厅用午餐。穿过大厅门廊时，她注意到一张招牌上写着："如何从化妆品中致富免费研讨会，下午3点在紫阳大厅举行。"这时已接近3点了，于是娜达莎想：何不去看看呢？反正也没有什么损失。

　　在接下来的一个小时的研讨会上，娜达莎终于发现了自己的才能。由于常年在家使用各种化妆品进行皮肤护理，娜达莎对化妆品非常熟悉。她对自己很有信心，深信自己可以将这些化妆品销售给她认识的每一个客户。果然，娜达莎凭着对化妆品的了解和工作的热情，在公司里工作得十分出色。没多久，她开始带其他的朋友加入这个行列，并且在公司里也得到晋升。

　　娜达莎说："我喜欢这个行业。虽然世界上没有比家庭主妇更重要的工作了，但做了20年的家庭主妇后，我开始想，难道我所能做的只有这些事吗？我从没有试着去做其他的事。但现在我已经证明了自己可以做其他的事，为此我的自尊心也大大地提高了。我喜欢现在的自己，并且对于能帮助其他妇女让她们也察觉到自己潜在的能力感到兴奋不已。"

　　成功者之所以能够在人生和事业上取得非凡的成就，是因为他们能给自己准确定位，能看到自己身上的缺点和不足，然后付诸行动，不断改进和完善自己，使自己更加积极向上，充满活力。人最怕找不到自己的位置，尤其是在自己出了名、有一定的地位的时候，更难以知道天有多高、地有多厚。因而，即使顶着成功的花环，也不能做"珠光宝气"之"秀"，而是要不断提高自己的人生标准，使自己的人生得以升华。

　　每个人都有自己的特长，你也不例外。只有充分发挥自己的才能优势，才能取得事半功倍的效果。所以，你所要做的就是，找出你的才能优势，并适当地运用它。

把劣势转化成优势

人人都有自己的弱点，人人都有自己的长处，如果能充分地认识和利用自己的劣势，那么劣势也可能转变为优势。所以，只要懂得扬长避短就无劣势可言，如果再进一步，就可以把劣势变成特点或优势。

有一个小男孩在一次车祸中失去左臂，但是，他很想学柔道。于是他拜了一位日本柔道大师做师父，开始学习柔道。3个月里，师父只教了他一招。

他终于忍不住问师父："我是不是应该再学学其他招数？"师父回答说："不用，你虽然只会一招，但你只需要会这一招就够了。"小男孩并不是很明白，但他很相信师父，于是就继续照着练了下去。

几个月后，师父第一次带小男孩去参加比赛。他没有想到，自己居然轻松地赢了前两轮。第三轮稍稍有点艰难，对手连连进攻，小男孩被逼得左躲右闪，后来，他施展出自己的那一招，又赢了比赛。就这样，小男孩进入了决赛。

决赛的对手比他高大、强壮许多，似乎更有经验。一段时间，小男孩显得有点招架不住，裁判担心小男孩会受伤，叫了暂停，打算就此终止比赛。然而，师父不答应，坚持说："继续下去。"

比赛重新开始，对手放松了戒备，小男孩立刻使出自己的那一招，制伏了对方，赢了比赛，夺得冠军。回家的路上，小男孩和师父一起回顾每场比赛的细节，他鼓起勇气道出心里的疑

问："师父，我怎么凭一招就能赢得冠军？"

师父答道："有两个原因：第一，你几乎完全掌握了柔道中最难的一招；第二，就我所知，对付这一招唯一的办法，是对手抓住你的左臂。"小男孩因为没有左臂，所以对手没有办法破解他这一招，他的最大的劣势变成了最大的优势。

人的劣势，未必就一定是不可能转化的劣势，或者进一步说，未必就一定是不可能转化为优势的劣势。

博格斯是 NBA 篮球队有史以来最矮的球员，身高只有 1.6 米，即使在东方人的眼里也算矮子，更不用说是在 NBA 篮球队了。但是，这个最矮的球员却是 NBA 表现最杰出、失误最少的后卫之一。他控球能力一流，远投准确，就是带球上篮也总能变幻莫测，让人防不胜防。

博格斯是不是天生的高手呢？当然不是，而是苦练的回报。

博格斯从小就长得特别矮小，但却异乎寻常地热爱篮球。当时他的梦想就是有一天去打 NBA，因为 NBA 的球员享有极高的社会评价和雄厚的经济实力。这几乎是所有爱打篮球的美国少年的梦想。

每当博格斯告诉他的伙伴："我长大后要去打 NBA！"听到的人都忍不住哈哈大笑，有人甚至笑倒在地上。因为伙伴们"认定"：一个 1.6 米的矮子是"天灾"，是"绝对不可能"打 NBA 的。

伙伴们"认定"的"绝对不可能"，并没有磨灭博格斯的志向。他用比一般人多几倍、十几倍的时间练球、圆梦，终于成为全能的篮球运动员，成为最佳的控球后卫。他将自己矮小的劣势转化成为矮小的优势：个子小不引人注意，运球的重心低，行动灵活迅速，传球、投球屡屡得手。

博格斯创造了自己的奇迹，小个子成为篮球大球星。

有人说，优势就是优势，劣势就是劣势，它们之间的关系是对立的，它们之间有着不可逾越的鸿沟。处于优势地位的人总是比处于劣势地位的人强，强者也总是处于优势地位。但优势和劣势在一定条件下会互相转化，我们更应该考虑的是如何能将劣势转化为优势，那才是最有意义的。

当然，劣势转化为优势是有条件的，如果第一个故事中的小男孩没有经过名师指点，又不练出那克敌制胜的一招，那他的劣势就只是劣势。同样的，如果博格斯没有刻苦训练，并在训练过程中有意识地改变自己矮个子带来的不便，发挥自身的特点，那他的劣势也就不能转为优势。

突破自我的思想局限

现实中有太多的人，生活在一种被束缚、被阻碍的不良环境中；生活在一种足以泯灭热诚、丧失志气、分散精力、浪费时间的氛围中。他们没有勇气去斩除束缚他们的桎梏，也没有毅力去抛弃旧有的一切。终于，他们的志向会因没有成绩失望而归于灭亡。

每一个人的性格中都有一定的局限。凡是取得成功的人，都是努力进取，善于打破陈腐的规则，突破自我局限的人。大胆地放开思路，突破自我的思想局限，努力进取，才能取得成功。能

够成就大事业的人，永远是那些信任自己的见解的人；是敢于想人所不敢想，为人所不敢为，不怕孤立的人；是勇敢而有创造力的人，做前人所没有做的人；是那些勇于向规则挑战的人。

托尼刚从管理系毕业，为了找工作，他决定求见洛奇公司的老板，向这位总经理推销"自己"到该企业工作。

可洛奇公司根本没把托尼放在眼里，总经理三言两语想把这位大学生打发走："我们这里没有适合你的工作。"

托尼潜意识中准备知难而退，但是，他转念一想，这是一个难得的机会，不能因为自己的面子和对方的敷衍就放弃了这个机会。于是，他努力保持镇定，并把话锋一转，向总经理提出了疑问："总经理是觉得贵公司已经人强马壮，完全可以在市场上独占鳌头，不需要再有人员加入了，哪怕他有天大的本事，也对贵公司无益了。再说像我这样刚毕业的学生是否有能力还是未知数，宁可拒之门外，也不可贸然使用，是这样的吧？"

总经理无言以对，半晌才说："你能将你的经历、想法和计划告诉我吗？"

托尼看到总经理尴尬的样子，于是抱歉地说："噢，抱歉，抱歉，我方才太冒昧了，请多包涵！不过，你真的确定要和我谈吗？"

总经理催促着说："请不要客气。"

于是，托尼将自己的情况和想法说了出来。总经理听后，态度变得和蔼起来，并对托尼说："我决定录用你，明天来上班，请保持你的进取精神和对工作的热情，相信你会有远大的前程！"

托尼在关键时候敢于突破自己的局限，没有因为对方的拒绝就放弃了自我推荐，而是换一种方法来说服总经理，终于得到了总经理的认同。

在工作中，我们不难见到一些人固执于某种行为或处事模式而同时又对结果不满意。他们只会抱怨，同时把责任推给他人和环境。自我局限是一种画地为牢导致无法突破的执着。各种规则可以帮你轻松地完成某些事，但也让你找到循规蹈矩的理由，束缚你的勇敢精神和创新意识，扼杀你的进取精神。走出你自己画出的疆界吧！

克劳迪娅在学校时是一个有名的才女，她不但成绩优异，论口才与文采也是小有名气。大学毕业后，她在学校的极力推荐下去了一家知名企业。

公司里，每周都要召开一次例会，讨论公司计划。每次开会很多人都争先恐后地表达自己的观点和想法，只有她总是悄无声息地坐在那里一言不发。她原本有很多好的想法和创意，但是她有些顾虑，一是怕自己刚刚到这里便"妄开言论"，被人认为是张扬，是锋芒毕露，二是怕自己的思路不合领导的口味，被人认为是幼稚。

就这样，在沉默中她度过了一次又一次激烈的争辩会。有一天，克劳迪娅突然发现，这里的人们都在力陈自己的观点，似乎已经把她遗忘在那里了。于是她开始考虑扭转这种局面，但这一切为时已晚，没有人再愿意听她的声音了。在所有人的心中，她已经根深蒂固地成了一个没有实力的花瓶人物。最后，她终于因为她的保守思想付出了代价，她不得不放弃了这份工作。

　　"胆怯"足以阻碍人的自由。许多青年男女有志于表现他们自己，但被过度的胆怯与缺乏自信所束缚、所阻挡，他们觉得内在力量跃跃欲试，但总害怕失败而不敢行动。怕别人讥讽和嘲弄，害怕流言蜚语，这种恐惧心理会导致他们不敢说话、不敢做事、不敢冒险、不敢前进。他们等待又等待，希望有一种神秘的力量，可以释放他们，并给予他们以信心与希望。

　　许多人都为"胆怯"所幽禁，他们的思想永远是封闭的。他们没有勇气为从愚昧中解放出来而奋斗，更有许多人为偏见与迷信的桎梏所束缚，于是他们的生命狭隘渺小。铲除一切阻碍、束缚我们的东西，走进一个自由而和谐的环境中，这是事业成功的首要条件。

　　勇于突破自我的束缚，表现在工作上，就是要敢于向"不可能完成"的任务挑战！勇于向"不可能完成"的工作挑战的精神，是获得成功的基础。有的人虽然颇有才学，具备种种获得老板赏识的能力，但是有个致命弱点：缺乏挑战的勇气，只愿做谨小慎微的"安全专家"，对不时出现的那些异常困难的工作，不敢主动发起"进攻"，而是一躲再躲。他们认为：要保住工作，就要保持熟悉的一切，对于那些颇有难度的事情，还是躲远一些好，否则，就有可能被撞得头破血流。结果终其一生，也只能从事一些平庸的工作。一位老板描述自己心目中的理想员工时说："我们所急需的人才，是有奋斗进取精神，勇于向'不可能完成'的工作挑战的人。"

　　无畏的气概、创造的精神，是一切伟人的特征。对于陈腐的规则和过时的秩序，是他们不放在眼里的。正如成功大师卡耐基所说："勇于突破自我的束缚，铲除一切阻碍、束缚自我的东西，走进一个自由而和谐的环境中，这是事业成功的首要准备……"

（四）保持个性，坚持走自己的路

保持自己独特的个性优势

伟大的剧作家莎士比亚曾说过："你是独一无二的。"这是对个性最高的赞美。在生活中，不管无意或有心，我们每个人多少都在掩饰自己。尤其当我们在公众中生活或从事自己认为重要的事情时，表演的痕迹就愈加明显。一切都十分"完满""合乎规范"，个性完全被淹没了。

凯丝·达莱是一位公共汽车驾驶员的女儿。她想当歌星，但不幸的是她长得不好看，嘴巴太大，还长着龅牙。第一次在新泽西的一家夜总会里公开演唱时，她想用上唇遮住牙齿，试图让自己看来显得高雅，结果却把自己弄得非常狼狈。

幸好当晚在座的一位男士认为她很有唱歌的天分，很直率地对她说："我看了你的表演，看得出来你想掩饰什么，你觉得你的牙齿很难看？"凯丝·达莱听了觉得很难堪，不过那个人继续说了下去："龅牙又怎么样？那又不是犯罪！不要试图去掩饰它，张开嘴就唱，你越不以为然，听众就会越爱你。"

凯丝·达莱接受了他的建议，把龅牙的事抛诸脑后，从那次以后，她只把注意力集中在观众身上。她尽情地演唱，后来成为

走红的歌星。

人生活在世间，能以本色天性面世，不费尽心机，不被那些无谓的人情客套、礼节规矩所拘束，能哭能笑，能苦能乐，泰然自在，怡然自得，真实自然，这样的人生才真实而快乐。

在追求成功的奋斗过程中，我们总会遇到各种不可预知的事情，要解决这些问题，在寻找切实可行的方法的同时，要保持自己独特的个性，以本色天性面世，坦然面对身边的人和事是非常重要的。

保罗·伯恩顿是一家石油公司的人事主管，他面试过的人超过 6000 个，他说："求职者所犯的最大错误，就是不能保持自我。他们常常不能坦诚地回答问题，只想说出他认为你想听的答案。可是那一点用也没有，因为没有人愿意听到不真实的、虚伪的东西。"

个人魅力并非一朝一夕便能营造而成的，它是由许多因素共同构成的，但最重要的是用体谅别人的心去学习成长，如此必能得到众人的真心喜爱。要达到这个目标，其实不容易，先决条件就是要保持个性。

"做你自己！"这是美国作曲家欧文·柏林给晚辈作曲家乔治·格什文的忠告。与格什文第一次会面时，欧文·柏林很欣赏格什文的才华，以格什文所能赚的三倍薪水请他做音乐秘书。可是欧文·柏林也劝告格什文："不要接受这份工作，如果你接受了，最多只能成为欧文·柏林第二。要是你能坚持下去，有一天，你会成为第一流的格什文。"

格什文接受了他的忠告，坚持走自己的路，渐渐成为 20 世纪极有贡献的美国作曲家。

历史上凡是有思想的人都是个性十分鲜明的人，没有个性便没有创造力，没有主见，没有独立的人格，也就不会有深邃的思想。每个人的个性都会有所不同，但保持自己独特的个性，正确地认识、分析自己，扬长避短，就会赢得大家的尊重，同时也会有助于你的事业。

金圣叹是明末清初的大文人，他满腹才学，却无心功名八股，安心做个靠教学评书养家糊口的"六等秀才"。在崇尚理学的风气中，偏偏独钟为正统文人所不齿的稗官野史，被人称为"狂士""怪杰"。他对此全不在意，终日纵酒著书，我行我素，不求闻达，不修边幅。据记载，他常常饮酒谐谑，谈禅说道，能三四个昼夜不醉。

清顺治十八年二月清世祖驾崩，哀诏传至金圣叹家乡苏州，苏州书生百余人以哭灵为由，哭于文庙，为民请命，请求驱逐贪官县令任维初，这就是震惊朝野的"哭庙案"。清廷暴怒。捉拿此案首犯18人，全部斩首。金圣叹也是为首者之一，自然也难逃灾厄，但他不以生死为念，临难时的《绝命词》没有一个字提到生死，只念念不忘胸前的几本书，赴死之时，从容不迫，口赋七绝。《清稗类钞》记载，他在被杀的当天，写家书一封托狱卒转给妻子，家书中也写有："字付大儿看，盐菜与黄豆同吃，大有胡桃滋味，此法一传，吾无遗憾矣。"

金圣叹坦然面对生死，执着于自己的追求，正是他的个性的展示。

保持个性就是正确认识我们现在的样子，包括一切过失、缺

点、短处、毛病以及我们的资本与力量。但是，我们要认清哪些缺点和劣势是属于我们，而不是等于我们是消极被动地全盘接受，它意味着你先承认自己的长处和不足，在此基础上再充分地发挥并保持个性中最有利、最闪光的一面，从而凸显自己的魅力和优势。

保持个性还意味着接受真实的自己。我们绝大多数人一生中都没有什么机会可以赢得大奖，如金马奖、诺贝尔奖或金球奖等，大奖总是保留给那些少数的精英分子。不过我们都有机会得到生活中的小奖。比如说每个人都有机会得到一个拥抱、一个亲吻、一封示爱的信件，或者只是一个大门口的停车位。生活中到处都有小小的喜悦，也许只有一杯冰茶、一碗热汤，或是一轮美丽的落日。更大一点的乐趣与奖项也不是没有，但生活的自由喜悦就够我们感激一生了。这许许多多都值得我们细细去品味，去咀嚼。

另外，保持个性还要求我们摘下面具。我们经常踌躇于表现自己和保护自己的冲突之间，我们也长久在追求功名、保持隐私之间挣扎与徘徊。

个性就是一个人独一无二的优势，把握好了自己的个性，并在生活中充分展示自己个性中的闪光点，你的人生就会精彩。

坚持做自己，走自己的路

人生就是不断地寻找自己、定位自己、调整自己的过程。在生活中，有很多人在忙碌中迷失了自己，他们希望自己能获得成功，所以，不断地学习成功者的长处，而忘记了做一个真实的自己。其实，每一个人都有自己的长处和特质，都有自己不可比拟的优势。找到了自己，做回了自己，就有了通向成功的起点。

会发现自己优势的人从不去询问任何人他们被允许做什么。他们做自己想做的事。当愚者为没有遵循成功者的准则而叹息时，他们坦荡地依照自己的原则生活。这个原则就是："我首先是我自己，然后才向别人学习。"

意大利电影演员索非娅·罗兰为了圆自己的演员梦，16岁时就到了罗马。一开始，她听到许多不利于自己在演艺界发展的议论。有的说，她个子太高，臀部太宽；有的说，她鼻子太长，嘴巴太大，下巴太小……种种议论都表明：她的形象根本不适合做一个电影演员。

幸运的是制片商卡洛看中了她，带她去试了许多次镜头。但摄影师们都抱怨无法把她拍得美艳动人，埋怨她的鼻子太长，臀部太"发达"了。于是，卡洛对索非娅·罗兰说："如果你真想干这一行，就得把鼻子和臀部'动一动'，做一次美容手术。"

索非娅·罗兰是个有主见、不愿意随波逐流的人，她断然拒绝了卡洛的要求。她决心不靠自己的外表而靠内在的气质和精湛的演技来取胜，并理直气壮地说："我为什么非要长得和别人一样呢？我知道，鼻子是脸庞的中心，它赋予脸庞以个性，我就喜欢我的鼻子，必须保持它的原状。至于我的臀部，那也是我的一部分，我只想保持我现在的样子。"

索非娅·罗兰没有因为别人的议论而停下自己奋斗的脚步，她将压力化成了动力。自1950年从影以后，她拍了60多部影

片。她的演技达到了炉火纯青的程度，她的善良和纯情也被观众认可。1961 年，索非娅·罗兰获得了奥斯卡最佳女演员奖，成了世界著名影星。

随着索非娅·罗兰事业上的不断成功，那些有关她"鼻子长，嘴巴大，臀部宽……"的议论都销声匿迹了。不仅如此，她的那些体态特征逐渐变成了评选美女的标准。在 20 世纪末，耄耋之年的索非娅·罗兰被评为该世纪"最美丽的女性"之一。

索非娅·罗兰把自己的成就归功于她坚持做自己："我谁也不模仿。我不去奴隶似的跟着时尚走。我只要做我自己。" "当你把自己独有的一面展示给别人的时候，魅力也就随之而来了。"

要在人生旅途中充分发挥自己的优势，就要敢于做自己、坚持做自己。每一个人都是一个独特的个体，个人魅力和气质正是自己最大的优势，是别人难以模仿的。发现自己的优势就是要坚持做自己，走自己的路，做自己想做的事，坚持下去，就能获得属于自己的成功。整天随波逐流、人云亦云的人是很难有杰出的成就的。

发挥性格的优势

米开朗琪罗在雕塑大卫像之前，花了很多时间挑选大理石。因为他知道——他可以改变石头的外形，但无法改变石头本身的质地和纹理。也许，我们每一个人都是雕塑师，自己的组合材料，各有各的。有些人是大理石，有些人是雪花石膏，有些人是砂石。岩石种类不可改变，但用途却可以选择。我们的性格也是如此。当我们充分地发挥自己的性格优势的时候，我们的优势就能够获得最大化，从而通往成功的顶峰。

当贝蒂·福特成为美国第一夫人时，她就因为坦白率直而闻名。当那些紧追不舍的新闻记者问到她对各种问题的观点时，她总是直率而坦白地回答。有一次，一个冒失的记者甚至问她与丈夫做爱的次数，当时她竟能从容不迫地回答："尽我所能地多。"另外，她也从不隐瞒有关她早期精神崩溃及服用药物、酒精等不怎么光彩的过去。福特夫人这种坦诚的个性赢得了美国人民的爱戴。

教皇保罗八世到处受欢迎，部分原因是他完全不掩饰的性格。他一生都很胖，而且出身于贫苦的农家，但他从不掩饰外貌与出身的劣势。当他当上教皇后，有一次去拜访罗马的一所大监狱，在他祝福那些犯人时，他坦诚地说他这一次到监狱是为了探望他的侄子。很多人偏偏认为他是耶稣的化身，因为他除了知道怎样分享别人的苦乐外，另一个原则就是他从不戴着面具生活。

人的性格大体可以分为以下六大类，每一类都有它独特的优势：

①常规型。这类人喜欢有秩序的生活，做事有计划；乐于执行上级派下来的任务，讲求精确。他们循规蹈矩、踏实稳当、驯服听话和忠实可靠。适合于他们的工作有银行审计员、银行出纳员、图书管理员、会计、计算机操作员、话务员、统计员、交通管理员等。

②现实型。他们身体强健，动作灵活敏捷，喜欢户外活动，

喜欢使用和操作大型机械。"安分随流、直率坦诚、实事求是、循规蹈矩、坚忍不拔、埋头苦干、情绪稳定、勤劳节约、注重小利、胆小怕事、不善算计"是对他们很好的描述。这类人表达能力不强，不善于与人交往，思想较保守，对先进的东西不感兴趣。这类人适合从事机械制造、建筑、渔业、野外工作、实验工作、工程安装以及某些军事职业等。

③社会型。这类人责任感、正义感、公正感都很强，社会适应能力强。他们喜欢有组织的工作，善于与人交往，乐于讨论理想、人生态度等问题，愿意帮助他人。"开朗、善于交际、领导者"是对他们较好的描述。适合于他们的工作有学校校长、临床心理学家、大学教师、就业指导顾问等。

④探索型。他们喜欢面对疑问和不懈的挑战，不愿循规蹈矩，总是渴望创新。这类人可以描绘成"分析型的、好奇的、独立的和含蓄的"。他们善于通过思考解决面临的难题，但并不一定实现具体的操作。适合于这类人的工作是工程设计、生物学、社会科学、实验研究、物理学、气象学。

⑤企业型。此类人喜竞争、好支配他人、善于辞令。通常他们把自己看作"敢作敢为、信心百倍、开朗通达、善于交际"的人。他们总试图让他人接受自己的观点，不愿从事精细工作，不喜欢长期复杂的工作。适合于这类人的工作有经理、推销员、电视节目制作人、政治家、社会活动家、房地产经纪人等。

⑥艺术型。这类人与众不同、个性鲜明、乐于创造，为追求心中的理想可抛弃一切。艺术型的人可描述为"独立不羁、创新求异、不同凡响、热衷表现和激情洋溢"。他们通常适合艺

术家、画家、歌唱家、戏剧导演、诗人、演员、音乐演奏家等职业。

俗话说："尺有所短，寸有所长。"人有所长，也有所短。如果每个人都是天才，都是人才，多才多艺，完美无缺，那当然太好了！事实上完美的人是没有的，也正是这一缺陷考验着一个人发现自己优势的能力：一个善于发现自己优势的人，会充分发挥自己的优势，做到扬长避短；一个不善于发现自己优势的人，则会看不到自己的优势，浪费了大好资源。

塑造一个独立的自我

要发现一生的优势，就要勇敢地成为自己。一个人活着，不是活在别人的目光里，也不是活在别人的评论中。人是为自己的精彩而活着，是为自己的蓝图而活着。为了我们自己的精彩，我们必须勇敢地成为我们自己。

要勇敢地成为自己，我们就不必特别在意别人的脸色。别人的脸色大多数情况下是他们心境的反映，而不一定正确，所以不必过分在意。我们不可能让所有人都满意。每个人都会有他个人的感觉，都会根据自己的想法来看待世界。所以，不要试图让所有的人都对我们满意，否则我们永远也得不到快乐。

从前有一位画家，想画出一幅人人都喜欢的画。经过几个月的辛苦创作，他把画好的作品拿到市场上去，在画的旁边放了一支笔，并附上一则说明：亲爱的朋友，如果你认为这幅画哪里有欠佳之笔，请赐教，并在画中标上记号。

晚上，画家取回画时，发现整个画面都涂满了记号——没有一笔一画不被指责。画家心中十分不快，对这次尝试深感失望。

画家决定换一种方法再去试试，于是他又摹了一张同样的画拿去市场上展出。这一次，他要求每一位欣赏者将其最为欣赏的妙笔都标上记号。

晚上，画家取回画时，惊喜地发现整个画面也都被涂满了记号。最后，画家不无感慨地说："我现在终于明白了，无论自己做什么，只要使一部分人满意就足够了。因为，在有些人看来是丑的东西，在另一些人的眼里则恰恰是美好的。"

要勇敢成为我们自己，就不要过多依赖他人的评价，而要相信自己。

在韦恩·兰奇 15 岁的时候，他的老师告诉他，他永远不会毕业，最好是退学去做生意。韦恩·兰奇记住了这一忠告，在以后的 17 年中，一直做着一些简单的工作。因为别人一直告诉他，他是一个劣等学生，所以 17 年来，他对自己也没有过高的要求。但是后来一项测验显示，他是智商高达 161 的天才。这时他便开始发奋努力了。他一连写了好几本书，获得了几项专利，并且成为一个很了不起的商人。

这件事让我们想到，生活中有许多天才就像韦恩·兰奇当初那样在别人的评价中否定自己。他们总觉得自己不够聪明，所以只能做着最普通的事情，过着简单而平凡的日子。他们在别人的评价中摔了跟头，却没有勇气再爬起来。过多地依赖他人的评价，我们就会成为这种评价的牺牲品。

我们也常常遇见类似的事情。当某人做了一件善事，会听到各种截然不同的评论。张三说你做得好，大公无私；李四说你野心勃勃，一心想往上爬；上司赞你有爱心，值得表扬；下属则说你在做个人宣传……总之，各种各样的评价。怎么办？最好的办法，就是抱着"有则改之，无则加勉"的态度。

别人说的，让人去说；别人做的，让人去做。舌头长在人家嘴里，想控制也控制不了。绝不要被别人的评论牵住自己，更不要因别人的言语而苦恼。爱看别人脸色的人，必定是一个很自卑的人，总怕自己因为言行不当被人看不起，被人贬低或否定；也怕惹人不快，或伤害了对方，遭人拒绝或排斥。因为自己太脆弱，就觉得别人承受力也差，进而再损伤自己。所以，建立起自信，才是不在乎别人脸色最可靠的保证。有自信的人，只把心思和精力用于自己该做的正确的事情上，用在自己所追求的目标和向往的乐趣中。

其实，别人怎么看待你，那是他的事情。有时候尽管我们很努力了，别人仍会觉得我们没有尽力：我们总不能一辈子为了他人的看法而活吧？再说，有些小小的失误也就随它去吧，真正的君子是不会计较这些微不足道的小事的。而且我们也没必要刻意去补救，我们那样做，别人也许还会埋怨我们多此一举。

按照他人期望的模式生活，牺牲真正的自我，是天底下最愚蠢的事情。我们要记住：最后为我们一生"付账"的只能是自己。所以，要勇敢地成为我们自己，让我们自己为自己的人生做出抉择。

保持真我本色

在人生的舞台上，我们常常扮演着不同的角色。有时候，我们努力扮演自己并不喜欢的角色，因为我们心有所图，因为我们患得患失。人际关系中，为了生存，我们如此；人生事业中，为了发展，我们也常常如此。其实，人生最关键的是保持真我本色，真实的人生才是最有魅力的人生。

迪莉亚曾是一个敏感羞怯的女孩，长得很胖，两颊丰满，这使她看起来更胖。迪莉亚的母亲非常古板，她认为把衣服穿得太漂亮是一种愚蠢，而且衣服太合身容易撑破，不如做得宽大一点。她也让女儿如此打扮。迪莉亚从不参加任何聚会，也不参加同学们的任何活动，甚至运动项目也不参加。

长大后，迪莉亚嫁了一位比她大几岁的先生，但她还是没有任何改变。她丈夫家是一个稳重而自信的家庭。她想要像他们一样，但就是做不到，她努力模仿他们，也总是不能如愿。她越来越紧张易怒，害怕见到任何朋友，甚至一听到门铃声都会惊慌失措！每次在公共场合，迪莉亚都尽量显得开心，甚至装得过了头。最后，她实在怀疑自己是否还有继续生存的必要，于是开始想到自杀。

就在这种情形下，婆婆的一句话改变了她的现状，也改变了她的一生。

有一天，婆婆和迪莉亚谈到自己是如何教育子女的，她说："不论遇到什么事，我都坚持让他们保持自我本色……""保持自我本色"这几个字像一道灵光闪过脑际，迪莉亚发现所有的不幸都起源于她把自己套入了一个不属于自己的模式中去了。

一夜之间全变了！她开始保持自我本色。她努力分析自己的个性，认清自己，并找出自己的优点。她学会了怎样配色与选择衣服样式，以穿出自己的品位。

不久，迪莉亚就充满了自信，可以从容自如地对待生活中的一切人和事了。

迪莉亚经历苦难才学到的教训告诉我们：不论发生什么事，我们都应该永远保持自我本色。

以真实的自我活得轻松自在，但因为有所图、患得失，我们把真我隐藏了起来，以为如此方可达成目的。其实，事情的结果和我们的期望南辕北辙。

20世纪好莱坞著名导演山姆·伍德曾说过，最令他头痛的事是帮助年轻演员保持自我。"你们每个人都想成为二流的拉娜·特勒斯或三流的克拉克·盖博，观众已经尝过那种味道了，"山姆·伍德不停地告诫他们，"你们现在需要点新鲜的。""经验告诉我，"山姆·伍德说，"尽量不要录用那些只会模仿他人的演员，这是最保险的。"

我们每一个人都是独特的，我们从来就不是别人的从属和附庸。我们应该以本色示人，以本真行事，活出真实的自我来，做出自己对人类应有的贡献来。

不做别人意见的傀儡

在现实生活中，虽然听取和尊重别人的意见固然重要，但无论何时我们也不要人云亦云，做别人意见的傀儡，否则，我们不但会在左右摇摆不知所措中身心疲惫，失去许多可贵的成功机会，有时还会失去自己。

做自己认为对的事，成为自己想成为的人，无论成败与否，我们都会获得一种无与伦比的成就感和自我归属感。

有三个这样的孩子：

一个孩子4岁才会说话，7岁才会写字，老师对他的评语是："反应迟钝，思维不合逻辑，满脑子不切实际的幻想。"他曾经还遭遇到退学的命运。

一个孩子曾被父亲抱怨是白痴，在众人的眼中，他是毫无前途的学生，艺术学院考了三次还考不进去。他叔叔绝望地说："孺子不可教也！"

一个孩子经常遭到父亲的斥责："你放着正经事不干，整天只管打猎，捉耗子，将来怎么办？"所有教师和长辈都认为他资质平庸，与聪明沾不上边。

这三个孩子分别是爱因斯坦、罗丹和达尔文。

别人的评价往往只能代表他个人的观点，而绝不是真理。

贝多芬学拉小提琴时，技术并不高明，他宁可拉他自己作的曲子，也不肯做技巧上的改善，他的老师评价他说：你绝不是个当作曲家的料。

歌剧演员卡罗素美妙的歌曲享誉全球。但当初他的父母希望他当个工程师，而他的老师对他的评价则是：他那副嗓子是不能唱歌的。

法国化学家巴斯德在读大学时表现并不突出，他的化学成绩在 22 人中排第 15 名。

牛顿在小学的成绩一团糟，曾被老师和同学称为"呆子"。

《战争与和平》的作者托尔斯泰读大学时因成绩太差而被劝退学。老师评价他：既没有读书的头脑，又缺乏学习的兴趣。

这些名人在年轻的时候都得到了父母或老师的低度评价，但最后都成为优秀的成功者。如果这些人被别人的评论所左右而放弃了自己追求的方向，怎么能取得举世瞩目的成绩？

当你得到别人给你的"低度评价"时，千万不要太计较。暂时的低落并不能说明什么，将来总有一天你会大鹏展翅，击水三千里。实际上，人生的竞赛并不亚于一场马拉松赛跑，长跑中最为关键的是耐力，那些跻身第一排的起跑者，往往并不是最先到达终点的人。

并不是所有的评价都是正确的，对于有些评价，不需要太过在意，应该相信自己的能力，相信事在人为。

简奈特·弗兰是当今新西兰著名的女作家，20 世纪四五十年代，她出生在一个道德严谨的村落。在那里，几乎每个人都显得十分强悍而有生命力。只有她却恰恰相反，从小在家里就非常怯缩，宁可被别人嘲笑也不肯轻易出门。父母很是替她担心，经常在她面前叹气，唠叨说这孩子如何不正常。

不正常？她从小听着，也渐渐相信自己不正常了。在小学的校园里，同学们很容易就成为可以聊天的朋友，她也很想和他们

打成一片，可就是不知道怎么开口。没上学时，家人就很少和她交谈，似乎认定了她的语言或发音之类有着严重的问题。家人只是叹气或批评，从来就没有想到和她多聊几句。入学年龄到了，她被送去一个更陌生的环境，和同学相比之下，她几乎还是牙牙学语的程度。她想，她真的是不正常了。

最初，医生给她的诊断是自闭症，也有诊断为忧郁症的。为了帮她调整心态，父母不得不一次又一次给她转换学校，但始终没有太大改观，她住进了长期疗养院。入院伊始，父母每月都来探望她，后来就渐渐懈怠下来，有时半年也不来一次，似乎忘记了她的存在。就像小时候，4个兄弟姐妹一听到爸爸下班的脚踏车声，就会兴高采烈地跑到院子里缠着爸爸要一些粗糙的糖果。那时，有时糖果不够分，站在后面那个早伸出手来却总是落空了的，肯定是她。

从家里到学校，从上学到进入社会，简奈特始终游离于社交圈子之外。大家觉得她很奇怪，她总是喜欢用一些奇怪的字眼来描述一些极其琐碎不堪的情绪。家人听不懂，同学听不懂，即使是她最崇拜的老师也认定她是一个患有严重呓语与妄想症的孩子。后来她住进了精神病院。有位医师发现她害羞、极端内向、交谈困难、有严重自闭倾向，有防卫、掩饰和幻想、妄想的习惯，十分喜欢用书写的方式来表达自己。于是这位医生要求她每天都动笔随意写写，在任何方便的纸上写下她想到的任何文字。尽管她的笔画很纤细，但是大段的文字畏缩地挤在一起，任何人阅读时都是要费些气力才能清楚辨别其中的意思，但是她的用词却是十分敏锐，表达形式也很抽象，也可以说是十分诗意。

在医院里，时间总是茫然而无聊的，简奈特索性就提笔投稿。没有人会想到，就是那些总是被视为不知所云的文字，竟然在一流的文学杂志刊出了，并获得了文学大奖。

简奈特出院了，她凭着奖金去了英国，带着自己的医疗病历到精神医学最著名的 Maudsly 医院报到。她在每星期二下午 3 点到 3 点 50 分的固定会谈过程中，不知不觉过了许多年，最后英国的精神科医师才慎重地给她开了一张没病的诊断证明。那一年她 34 岁。

简奈特从懵懂的童年开始，就被列入"奇异者"的行列，致自己也迷失了方向，相信了自己的"不正常"，但是事实证明，她并非真的有精神病，她在别人眼中的不正常，只不过是她天生的禀赋和气质的表露而已。

我们一定不能丧失自我，一定要在人海之中把握住自我的航向和舵，这样，我们才能到达成功的彼岸。每个人都有自己的活法，对个人而言，各有各的追求；对社会而言，各有各的贡献。我们最不应该做出的牺牲，就是因为别人的评价而改变自我。因为那些对你指手画脚的人，自己也不知道他们遵从的规则是什么。

第三章

改变劣势：谋划自我未来的人生

（一）扩大优势：不断挑战和超越自己

勇于挑战自我

要实现人生的最大优势，就要勇于挑战自我。如果停止了自我挑战，那么，前进的脚步也会停滞不前。有很多优秀的人才之所以没有取得成功，并不是因为缺乏出众的才华，而是因为缺少挑战自我的决心。

威尔敏兹公司的推销员克拉伦斯是一个有很大发展前途的年轻人，有一天早晨，他走进了老板的办公室，站到老板面前说：

"我想辞去现在这份工作。"

"为什么，克拉伦斯？"

"因为我觉得自己不是做推销员的料，我没有耐心，而且也没有能力做好这份工作，我认为自己不配再领公司的薪水。"

一个人竟有这么大的勇气去向老板承认自己的失败，这种品质真是太难能可贵了。如果他能把这份勇气用到工作中去，那简直是再好不过的事情了。想到这儿，老板做出了让克拉伦斯惊讶的决定，他没有同意他的辞职，而是盯着克拉伦斯的眼睛对他说："我对我任用什么样的人一向很有信心，我认为你完全具备做推销员的特质。我要求你去挑战自我，克拉伦斯——做最成功的推销员！你现在就从这里出去，在今晚回来前要求自己带回比以前任何一天都多的订单。"

克拉伦斯傻愣愣地盯着老板，眼中闪出了两道火花。稍后，他径直走出了办公室。

当晚，他回到公司时，已不再像早上那样盲目和大胆，从他身上流露的是胜利的喜悦。他当天做出了前所未有的好成绩，而且，从那天以后的每一天他都能创造新的纪录。

在生活中，像克拉伦斯这样的人还有很多，他们并不缺少成功所需的特质，需要的只是一点自我挑战的勇气。他们期待着战斗的发生，期待着他人对自己说："我要向你挑战……"

加利福尼亚州吉源公司有一个当技工的年轻的小伙子找到主管，说自己读完高中后就被迫辍学工作，他发现那些受到高等教育的人的素质都远在他之上，这令他内心十分自卑。主管对小伙子进行了仔细的考核，发现这个小伙子很聪明，具备很大的潜质，于是要求他勇敢地向自我挑战，辞去工作重新回到学校。于是，这个小伙子克服了家庭、经济等问题上的种种困难，上了大学，并坚持读完大学的课程。后来，他成为一位杰出的工程师。

自我挑战的人往往能获得更大的成功。在现实生活中，很多类似上面故事中提到的挑战自我获得成功的事情正在发生。但是也有很多相反的事例：有人拒绝挑战自我；有人虽被选中去创造一番伟大的事业，但他们的眼中没有闪动那种战斗的火花，于是他们失败了。这样的事让人感到十分可惜，因为他们丧失了很多取得成功的机会。

你最好能坚持提醒自己："一定要挑战自我！"这样，你就会有充满自信的感觉，也能进入成功的状态。如果你想成为一名自我实现者，如果你想让自己的事业不断地发展，那么勇敢地向

第三章 改变劣势：谋划自我未来的人生

自我挑战吧，这是衡量一个人能否成功的标准。因为只有敢于挑战自我的人，才能有勇气迎接世界的挑战。

越是逆境越要挑战

每个人的一生都会有遭遇不公平和身处逆境的时候，这个时候怨天尤人、焦躁不安是没有用的，我们应该相信一分耕耘一分收获，踏踏实实地工作，接受命运的挑战。

战国时代的纵横家苏秦自幼家境贫寒，温饱难继，读书是很奢侈的事。为了维持生计和读书，他不得不帮助别人打短工，后又背井离乡到齐国拜师求学，跟鬼谷子学纵横之术。苏秦自恃学业有成后，便迫不及待地告别师友，游历天下，以谋取功名利禄。一年后不仅一无所获，自己的盘缠也用完了。没办法再撑下去，于是他穿着破衣草鞋踏踏上了回家之路。

到家时，苏秦已骨瘦如柴，全身破烂肮脏不堪，满脸尘土，与乞儿无异。落魄景象，令人同情。妻子见他这个样子，摇头叹息，继续织布；嫂子见他这副样子，扭头就走，不愿做饭；父母、兄弟、妹妹不但不理他，还暗自讥笑他说："按我们周人的传统，应该是管理自己的产业，努力从事工商，以赚取十分之二的利润，现在却好，放弃这种最根本的事业，去卖弄口舌，落得如此下场，真是活该！"

此情此景，令苏秦无地自容，惭愧而伤心。他关起房门，不愿见人，对自己做了深刻的反省："妻子不理丈夫，嫂子不认小叔子，父母不认儿子，都是因为我不争气，学业未成而急于求成啊！"

　　他认识到了自己的不足，又重振精神，搬出所有的书籍。他每天研读至深夜，有时候不知不觉伏在书案上就睡着了。每次醒来，都懊悔不已，痛骂自己无用。他想出了制止打瞌睡的办法：锥刺股（大腿）。以后每当要打瞌睡时，就用锥子扎自己的大腿一下，让自己猛然"痛醒"，保持苦读状态。他的大腿因此常常是鲜血淋淋，惨不忍睹。家人见状，心有不忍，劝他说："你一定要成功的决心和心情可以理解，但不一定非要这样自虐啊！"苏秦回答说："不这样，就会忘记过去的耻辱；唯如此，才能催我苦读！"

　　经过"血淋淋"的一年"痛"读，苏秦很有心得，写出了"揣""摩"二篇。这时，他充满自信地说："用这套理论和方法，可以说服许多国君了！"于是苏秦开始用"锥刺股"所得的学识和"锥刺股"的精神意志，游说六国，终获器重，挂六国相印，声名显赫，开创了自己成功的人生局面。

　　没有人能给生命贴上永久顺利的标签，但面对逆境的选择却因人而异。懦弱者尽尝烦恼，度日如年；畏难者磨去锐气，把逆境作为安逸的摇篮；有志者自强不息，面对似乎是毫无希望的境遇，在逆境时间的荒野上开垦孕育价值的沃土。

　　传说中西西弗斯因为触犯了天庭的禁令，受到天神的惩罚，降到人世间来受苦。天神对他的惩罚是：把一块巨石推上山。每天，西西弗斯都要费很大的力气把那块巨石推上山顶，然后回家休息。可是，在他休息的时候，巨石又会自动从山顶滚下来。于是，西西弗斯又要把那块石头往山上推。就这样周而复始，他面

临着永无止境的失败。天神要以此来惩罚西西弗斯，折磨他的心灵。而且，当西西弗斯把巨石往上推的时候，天神都会打击他，告诉他：他永远不可能成功。开始西西弗斯认命了，他每天都承受着肉体和心灵的双重折磨，痛苦至极。但一段时间后，西西弗斯决定振作起来。每当巨石从山顶滚下来后，他都会对着天庭呐喊："这是吓不倒我的！我还有希望！明天我还能把石头再推上山去！"结果，天神无法再惩罚西西弗斯了，只好把他召回了天庭。

如果你有了面对逆境的信心和勇气，逆境便会转化成顺境。俄国作家车尔尼雪夫斯基曾说过："历史的道路不是涅瓦大街上的人行道，它完全是在田野中前进的，有时穿过尘埃，有时穿过泥泞，有时横渡沼泽，有时行经丛林。"人的生活道路也并不总是洒满阳光、充满诗意，常常也会遇到沼泽、寒风或面临荆棘丛生的小道。一时陷入逆境，是人生的一堂必修课。

逆境是一种人生的考验，有人能善待逆境，超越逆境，最终成为人们羡慕的成功者。逆境并非绝境，在人类历史的长河中，具有"坦途在前，人又何必因为一点小障碍而不走路"这样的豪迈气派，为科学和文明做出贡献的前驱者可谓满目皆是，翻览即见。

司马迁"出于粪土之中而不辞"，发愤著述，终于写成《史记》。贝多芬的数部交响曲，都是用理智战胜情感，忍受着失恋的伤痛，靠着对事业的追求谱写而成。丹麦的安徒生一贫如洗，全家睡在一个搁棺材的木架上，常常流浪在哥本哈根的街头巷尾，但却成为世界文坛的名流豪杰。英国物理学家法拉第出身贫寒，当过学徒卖过报，吃了上顿缺下顿，但却百折不挠，创立了电磁感应定律，为人类敲开了电气时代的大门。

处于顺境的人，往往应酬八方，事务羁身，不免杂事相扰，难以排除无效时间，降低时间效率。相比而言，身处逆境却有"时间优势"，置世态炎凉、人情冷暖于不顾，集中精力进行思索追求。逆境能使人更加深刻地理解时间的价值和意义，具有更大的时间安排的灵活性，更督促人去珍惜利用。时间是"逆境"转为"顺境"的神奇纽带，究其原因是逆境能激起开发时效的紧迫感。

逆境可以吞噬意志薄弱的失败者，而常常造就毅力超群的成功者。从表面上看，生活中的种种困难和挫折都是压在我们身上的石头，然后换个角度来看，它也是我们的希望所在。只要我们锲而不舍地去推它，不断锻造自己生命的力量，面对困难挺直脊梁，昨日的沮丧就不会令今日的梦想黯然失色，阳光就会在风雨之后灿烂起来。

知识是成功的资本

在古希腊帕特农神庙上刻着这样一句话："一个求知一生的人，他能成为驾驭人生的宙斯。"知识的确有强大的功能，它能改造世界，也能造就人身自身。历来的成功之道在于：有知胜无知，大知胜小知。所以你要提高自己的优势，就要不断学习，使自己成为一个有知之人、大知之人，那么你才能成为驾驭自己人生的"宙斯"。反之，你就会成为失败的"奴仆"。

塞缪尔·拉莫里是一个以学习来不断提高自己的耕耘者。他是珠宝匠的儿子，祖上从法国逃难到了英国，从此在英国定居下来。他少年时代并未受过什么教育，但是通过不知疲倦和勤奋克服了这一劣势，并且一生中从未停止过努力学习。

他在自传中写道："我十五六岁时下决心学习拉丁语。那时候我对拉丁语的了解仅在于一些极日常的语法规则。通过三四年的刻苦学习，除了有关专业科技课题的著作，譬如瓦罗·康路马拉、塞尔瑟斯的著作，我几乎读完了所有拉丁语鼎盛时期的散文家的作品。其中，利维、萨卢斯特和塔西陀的书我读了有足足三遍。我研读过西塞罗广为流传的演讲词，还有荷马的作品翻译了大半。特伦斯、维吉尔、贺瑞斯、奥维德，还有尤维纳利斯的作品我都读了一遍又一遍。"

塞缪尔·拉莫里另外还自学了地理、自然历史和自然哲学，他是个真正知识渊博的人。他16岁时就进入大法官法庭工作，在那儿做秘书。他工作勤快，并不断努力学习，很快又进入了律师行业，勤奋学习和不懈努力确保了他在事业上的成功。

1806年，塞缪尔·拉莫里伯爵被政府任命为副检察长，在以后的职业生涯中他稳步前进，成为法律界的名人之一。塞缪尔应该是做得很优秀的了，然而他还经常觉得自己的知识不够，因此不断地学习，不断地补充知识以弥补自己的不足。

无论怎样，你一辈子都应在学习中度过。孔子告诉人们这样一条做人之道："三人行，必有我师。"只要你愿意学，机会多的是。

子路是孔子学生中的"七十二贤"之一，以勇武刚直、擅长治政而著名。但他在刚刚见到孔子的时候，根本不知道学习的重要性。

孔子见子路来找他，以为他是为求学而来的，所以迎头便问："你爱好什么？"子路没弄清楚孔子的意思，贸然回答："我爱好长剑。"孔子摇了摇头，说："我问的不是这个，我是说，你是个有能力的人，假如再加上勤学好问，成就将不可限量。"

子路理直气壮地说："南山上的竹子，本来就直挺挺的，用不着矫正。砍来当箭用，可以射穿犀革。由此看来，本质好就行了，做学问有什么用呢？"

孔子进一步解答道："不错，砍了竹子，是可以当箭用。但如果在它的一端束上羽毛，在另一端装上金属的箭头，并且磨得十分锋利，难道不会射得更加深入吗？"子路听了，恍然大悟，恭恭敬敬地行了个礼，说："我十分愿意接受你的教育！"

学而知之，是自古以来治学立身的良训，也是为人处世能够有所成就的根本之策。

约翰·莱顿出身于罗克斯巴勒郡一片荒凉山谷中的牧羊人的家庭，几乎全靠自学成才。像许多苏格兰牧羊人的儿子一样，约翰·莱顿很早就有了对知识的渴望。当他还是个光脚的穷孩子时，每天步行 6~8 英里穿过荒野到科克顿的乡村学校去上学。这就是他受到的全部教育，其余的知识他几乎全是自学的。

他无视自己赤贫的经济状况，想方设法来到爱丁堡上大学。刚到爱丁堡时约翰·莱顿经常光顾一家不起眼的小书店，书店的老板就是后来成为著名出版商的阿奇博尔德·康斯太伯。他常常脚踩在梯子上看书，忘了爬下来，这么一看就是半天，完全忘了

回宿舍吃晚饭。他的晚餐只有白面包和水，对书籍和教学讲义的追求成了他全部愿望所在。

约翰·莱顿还不到 19 岁时，他对希腊语和拉丁语言的熟练运用程度以及他掌握的大量通用知识已使爱丁堡的所有教职员工大为惊叹。这时，约翰·莱顿又将视线转向了印度。他去应聘印度政府公务员的职务，但是没有成功。他又听说可以报考印度的外科医生助理，但是他从未当过医生，对这个行业并不了解。约翰·莱顿得到消息必须在 6 个月的时间学完别人 3 年才能学完的课程。6 个月结束时，约翰·莱顿以优异的成绩拿到了学位证书。约翰·莱顿去了印度。临行前，约翰·莱顿发表了他的诗集《童年纪事》。约翰·莱顿对知识的渴求伴随着他的成长，他通过不断学习，完成了一次又一次的超越。

德赫斯说过："未来唯一持久的竞争优势，就是有能力比你的竞争对手学得更快。"自我学习、自我教育、自己管理自己——这是面对信息化社会的新形势做出的适应性调整。未来的文盲将不是那些不会阅读的人，而是没有学会怎样学习的人。

成功与学习的关系，在现代社会的竞争中是显而易见的，试想：一个缺乏知识的人，怎么能够成为强者，怎么能够与人较量？让我们看一看周围的人，那些缺乏知识的人，大多都是失败人生的主角，他们常常发出感叹："唉，我没上过什么学，只能干些粗活。"的确，学习是成功的资本，这是因为无学将无以致用。所以你必须做一个坚持学习的人。

在创业过程中，是否肯于学习是大不一样的。有些人自恃先天条件好而不肯学习或很少学习，随着斗转星移，那点先天的优越性很快就会消失，结果只能是越来越不如别人。只有坚持学习，才能在学习中不断提高自己，使自己拥有越来越多的优势。

培养自己超前的预见能力

世界上最有价值、最有用处的人，就是那些"能够远远望见世界文化的将来，瞻望到未来人类必从今日所有的种种狭窄束缚的桎梏、迷信中解放出来，能够预见到事业之当然，同时也有能力去实现它们的人"。

美国有一家缝纫机厂，开始的时候缝纫机的销售量还是可观的，到了第二次世界大战的硝烟四处弥漫之时，缝纫机的销售量就每况愈下。

这家缝纫机厂的厂长韦恩·让已经看到由于战争的影响，人们的思想也发生了改变，不用说缝纫机，其他任何一种行业都处于半停滞半瘫痪状态。只有军火是个热门。

他的儿子问父亲："咱们厂子的缝纫机还要继续生产吗？"

韦恩·让回答："可以停下来了，我们要改行！"

儿子问："改什么行？"

韦恩·让说："改成生产残疾人用的轮椅。"

儿子大惑不解，不过还是遵照父亲的意思办了。没过多久，经过设计和改造部分设备后，一台台残疾人用的小轮椅生产出来了。

当战争将要结束时，那些受伤的伤兵和伤残的百姓，纷纷购买小轮椅，一时小轮椅成为奇缺之货，可这种小轮椅只有韦

恩·让的工厂有大批现货，这样小轮椅不但在本国销售很快，连外国也来购买了。

这就是韦恩·让的超前思维，他从现实看到了未来。

当他的儿子欣喜地看到一笔笔可观的收入进入囊中，不禁又问父亲：“未来的30年和50年之后将有什么变化呢？战争已经就结束了，小轮椅要是再大量生产，可能需求量不多。”

韦恩·让启发儿子说：“战争结束了，那人们想要的是什么呢？”

儿子回答说：“想要的是生活，美好的生活，人们厌倦了战争。”

韦恩·让进一步说：“美好的生活靠什么呢，要靠健康的身体，将来人们要把健康列为重要的追求目标，我们现在要做好生产健身器的准备。”

生产小轮椅的机械流水线改成生产健身器并不太难。一批批健身器生产出来了，但当时销售得并不太好。年事已高的韦恩·让已经去世了，但儿子坚信爸爸的超前思维，依然生产健身器，10多年之后，健身器渐渐开始走俏。当时，韦恩·让健身器在美国只此一家别无分号，随着人们的需求变化，韦恩·让工厂生产的健身器品种也多了起来，韦恩·让儿子根据市场的需求大量生产。韦恩·让家庭进入亿万富翁的行列。

很多成功者都具有预见未来的能力，所以能在谋划事业中取得优势。有预见能力的人能及早地分析事情发生的原因和发展的趋势，从而做出正确的判断，展示了高人一筹的智慧。

商朝殷纣王即位不久，就命工匠为他琢一把象牙筷子。纣王的庶兄、贤臣箕子感叹说："象牙筷子肯定不能配土瓦器，而要配犀角雕的碗、白玉琢的杯。有了玉杯，其中肯定不能盛野菜汤和粗粮做的饭，而要盛山珍海味才相配。吃了山珍海味就不愿再穿粗葛短衣，也不愿再住茅草陋室，而要穿锦绣的衣服，乘华贵的车子，住高楼广室。这样下去，我们商国境内的物品将不能满足他的欲望，还要去征集远方各国珍贵之物。以象牙筷子为开端，我看到了以后发展的结果，禁不住为他担心！"

果然纣王的贪欲越来越大，他抓了上万的劳工修建占地三里的鹿台和以白玉为门的琼室，搜罗珍宝、奇禽怪兽充塞其中。同时在鹿台旁以酒为池，悬肉为林，使裸体男女在其中相互逐戏，而纣王狂笑着观看取乐。这时，不仅宫中人反对他，士兵倒戈反商，全国百姓也都纷纷造反。最后，纣王死在鹿台的熊熊烈火之中。箕子的预测完全准确。

古人将具有超前预见能力的能人称为圣人、贤人。

何曾，字颖考，常常侍奉汉武帝吃酒宴。有一次，他回到家中对自己的孩子说："大王创业治国，而我侍宴时，却听不到他们谈论治理国家的远大宏图，只闻他们聊些家常小事，他们的后代有灭绝危险呢！我这一生还能平安度过，只为你们儿孙辈担忧呀！你们这辈犹能获得寿终正寝……"又指着几个孙子说："到你们这辈必因战乱遭难。"

后来何曾的孙子绥被东海王越杀害。另一个孙子嵩哭着说："我的祖上明察三代，是大圣人啊！"

事情的发展往往都有着前因后果的联系，善于预见的智者能以古知今，从今天知未来，把握事情发展的趋势。有人求教于一

位德高望重的佛学者，请他预测天运、国运、人运，那位佛学者微微一笑，说："佛家讲因果，你欲知未来当看现在，如果能把现在看得透透的，里面自然预示着未来，现在是因，未来是果，未来的一切变化趋势，均能从现在找到兆头。"

具有超前预见能力是智者的表现，他们能追溯历史，透视现实，用立体思维目光和正确的逻辑推理，胸有成竹地遥视未来的远方，面对现实事物发展的规律，提前做出自己的高明决策，去迎接、适应和收获判断之中的未来。所以，要想塑造自己成功创业的优势，就要不断地培养、锻炼自己的超前预见能力。

（二）锁定目标：不会让自己迷失方向

目标代表着前进的方向

有理想、有追求、有上进心的人，都有一个明确的奋斗目标，他懂得自己活着是为了什么。因而他的所有努力，从整体上来说都能围绕一个比较长远的目标进行，他知道自己怎样做是正确的、有用的。

史蒂芬·斯皮尔伯格在 36 岁时就成为世界上最成功的制片人之一，电影史十大卖座的影片中，他一个人就囊括了四部。

斯皮尔伯格在十二三岁时就树立了自己的人生目标：要成为电影导演。在他 17 岁那年的某天下午，他参观环球制片厂后，他的一生改变了。那不是一次平常的参观活动，在他得窥全貌之后，当场他就决定要怎么做。他先偷偷摸摸地观看了一场实际电影的拍摄，再与剪辑部的经理长谈了一个小时，然后结束了参观。

第二天，他穿了套西装，提起他父亲的公文包，里头塞了一块三明治，再次来到摄影现场，假装他是那里的工作人员，他特意避开了大门守卫，找到一辆废弃的手推车，用一些塑胶字母，在车门上拼成"史蒂芬·斯皮尔伯格""导演"等。然后他主动去认识导演、编剧、剪辑，终日流连于他梦寐以求的世界里。从与别人的交谈中学习、观察并总结出越来越多关于电影制作的经验。

终于在他20岁那年，他成为正式的电影工作者。他在环球制片厂放映了一部他拍得不错的片子，因而签订了一张7年的合同。

斯皮尔伯格为什么能够成功呢？因为他知道自己所追求的目标，也知道做法，他用恰当的目标，为自己铺就了成功的道路。

目标是做事的一个灯塔，我们所有的精力与力气都是为它储备的。目标的大小直接决定着成功事情的大小。目标的作用是巨大的，它犹如舵手航行的指针。有了这样的目标，你在奋斗中就不会因迷失方向而无所适从。

尼克·亚历山大最渴望达到的目标是上学。他在孤儿院长大，那是一种老式的孤儿院，孤儿院从早上5点工作到日落，伙食既差又不够吃。但是，他心中没有忘记想要上学的目标。

尼克14岁就从中学毕业，投入社会谋生。他在一家裁缝店里操作一架缝纫机。后来，那家裁缝店加入了工会，工资提高

了，工作时间缩短了。

尼克幸运地娶了一个女孩，她愿意帮助他实现上大学的梦想。但事情并不容易，到他们结婚之后没多久，也就是1931年，店里开始裁员，于是他们决定自己去闯天下。他们把存款聚集在一起，开了一家"亚历山大房地产公司"。尼克的太太特丽莎甚至把订婚戒指也卖掉了，以便增加他们那笔小小的资本。

在两年之内，生意兴隆，于是特丽莎坚持要尼克去上大学。他在26岁的时候，得到了学位——这是人生道路上树立的第一个里程碑。尼克又回到房地产事业。他们又有了一个新目标——海边的一幢房子，终于他们也实现了那个梦想。他们生了一个女儿，如果他们能把他们商业大楼的分期付款缴清，把大楼变成公寓出租，收入的租金就能支付他们孩子的大学费用了。他们一心一意要达到这个目标，他们终于做到了。

实现了这些目标之后，他们为自己树立了新的目标：为退休保险金而努力。尼克单独主持事业，特丽莎则照顾自己的家，他们过着一种忙碌、成功、幸福的生活。他们用萧伯纳的名言鼓励自己："我喜欢不断地进步，目标永远在前面，而不是在后面。"

目标代表着前进的方向。著名哲学家黑格尔说过："一个有品格的人即是一个有理智的人。由于他心目中有确定的目标，并且坚定不移地以求达到他的目标……他必须如歌德所说，知道限制自己；总之，那些什么事情都想做的人，其实什么事都不能做，而终归于失败。"

有目标的人，机会一到就能看出来

目标，是一个人未来生活的蓝图，又是人的精神支柱。美国著名整形外科医生马克斯韦尔·莫尔兹博士在《人生的支柱》中说："任何人都是目标的追求者，一旦达到一个目标，第二天就必须为第二个目标动身启程了。人生就是要我们起跑、飞奔、修正方向，如同开车奔驰在公路上，有时偶尔在岔道上稍事休整，便又是继续地不断在大道上疾跑。"旅途上的种种经历之所以令人陶醉、亢奋激动、欣喜若狂，因为这是在你的控制之下，在你的领域之内大显身手，全力以赴。

罗斯福总统夫人在本宁顿学院念书时，要在电信公司找一份工作，她父亲替她约好去见他的一个朋友——当时担任美国无线电公司董事长的萨尔洛夫将军。罗斯福夫人回忆说："将军问我想做哪种工作，我说随便吧。将军却对我说，没有一类工作叫'随便'。他目光逼人地提醒我说，成功的道路是目标铺成的！"

一个人要是没有目标，他就找不到前进的方向。没有人能够不瞄准便命中成功的靶心。人生最关键的就是要瞄准一个目标，即使我们会有一点偏失，但是这样射击的结果至少比我们闭上眼睛盲目射击更接近靶心。

撒哈拉沙漠中有一个小村庄叫比塞尔，它靠在一块1.5平方公里的绿洲旁，从比塞尔走出沙漠需要3昼夜的时间。可是在英国皇家学院的院士肯·莱文1926年发现它之前，这里的人没有一个走出过大沙漠。据说他们不是不愿意离开这块贫瘠的地方，而是尝试过很多次都没有走出来。

　　肯·莱文用手语同当地人交谈，结果每个人的回答都是一样的：从这儿无论向哪个方向走，最后都还要转回到这个地方来。为了证实这种说法的真伪，莱文做了一次试验，从比塞尔村向北走，结果3天半就走了出来。

　　比塞尔人为什么走不出来呢？肯·莱文感到非常纳闷，最后他决定雇个比塞尔人，让他带路，看看到底是怎么回事。他们准备了能用半个月的水，牵上两匹骆驼，肯·莱文收起指南针等设备，只拿着一根木棍跟在后面。

　　10天过去了，他们走了大约80英里的路程。第11天的早晨，一块绿洲出现在眼前，他们果然又回到了比塞尔。这一次肯·莱文终于明白了，比塞尔人之所以走不出大沙漠，是因为他们根本没有方向和目标。

　　在一望无际的沙漠里，一个人如果凭着感觉往前走，他会走出许许多多大小不一的圆圈，最后的足迹十有八九是一把卷尺的形状。比塞尔村处在浩瀚的沙漠中间，没有指南针，想走出沙漠，确实是不可能的。

　　肯·莱文在离开比塞尔时，带了一个叫阿古特尔的青年。他告诉这个青年："只要你白天休息，夜晚朝着北面那颗最亮的星星走，就能走出沙漠。"

　　阿古特尔照着去做，3天之后果然来到了大漠的边缘。

　　许多人一辈子迷迷糊糊，因为他们没有真正的目标。他们只活在一个空间，过一天算一天。那些从人生中收获最多的人，都是有确定的目标的人。所以，他们警觉性高，积极等待着机会，机会一到就能看出来。

选择最可能实现的目标

在选择人生目标以及做事的时候，重要的是面对现实，扬长避短。谁把握了最可能实现的目标，谁就掌握了命运，抓住了成功。

贝尔纳是法国著名的作家，一生创作了大量的小说和剧本，在法国影剧史上有特别的地位。有一次，法国一家报纸进行了一次有奖智力竞赛，其中有这样一个题目：

如果法国最大的博物馆卢浮宫失火了，情况只允许抢救出一幅画，你会抢救哪一幅？

结果在该报收到的成千上万个回答中，贝尔纳以最佳答案获得该题的奖金。他的回答是："我抢离出口最近的那幅画。"

成功的最佳目标不是最有价值的那个，而是最有可能实现的那个。

卢浮宫里有很多价值连城的珍稀名画，抢救出其中最值钱或者最具艺术欣赏性的画是最理想的。但是我们反过来想想，最好的画是否也会有最好的保护措施？在发生大火的情况下，你贸然地冲到博物馆里面，结果可能会是连画的外层保护都来不及打开，你和博物馆就一同化为灰烬，到头来只能落个人画两空！贝尔纳却不同，他选择的是最有可能实现的办法！在离出口最近的地方既可以顺利地抢救到画又可以保护自己的生命，尽管这幅画可能不是卢浮宫最好的，但是和人画两空相比较，当然贝尔纳的方法是最佳的选择！

生活当中，选择理想与现实相结合，是走向成功的最佳答

案。方法比想法更重要，或者说没有方法对应的想法，是没有价值的。

在英国的西敏寺，有一位主教的墓志铭吸引了所有前来凭吊怀古的人：

我年少时，意气风发，踌躇满志，当时曾梦想改变世界，但当我年事渐长，阅历增多，我发觉自己无力改变世界，于是我缩小了范围，决定先改变我的国家。但这个目标还是太大了。接着我步入了中年，无奈之余，我将试图改变的对象锁定在最亲密的家人身上。但天不从人愿，他们个个还是维持原样。当我垂垂老矣，我终于顿悟了一些事：我应该先改变自己，用以身作则的方式影响家人。若我能先当家人的榜样，也许下一步就能改善我的国家，再后来我甚至可能改造整个世界，谁知道呢？但重要的是，我们需要从力所能及的目标开始。

成功者大都知道自己能力和智力的边界，知道有一些角色是自己永远扮演不了的，因此才不会冲动地、人云亦云地追求那些不属于自己的东西。在生活中我们总倾向于往我们的不胜任阶层攀爬，向不可能实现的目标迈进，仿佛追求越高越多就代表越好，可是环顾四周，我们看到的却全是这种盲目追求下的牺牲者。我们看到一批批人，而且是人类中的大多数人，争先恐后、汲汲争取，到头来终将是一场空。

著名作家柳青说过：人的一生虽然漫长，但紧要关头处往往只有几步。从某种意义上说，这"几步"充分体现了人生的选择。例如，考生对高考志愿的填报；人们对职业或工作岗位的挑选；有志者对成功目标的确定；青年人对情感或生活伴侣的选择；父母对儿女成才的各种培养等。选择，是人们良好的主观意愿的展现，而"高不成，低不就"，最终失败，往往是常见的结果。选择答案的反差如此大，一个重要的原因，就是选择的理想不切实际。因此，要善于把长远目标与阶段实施结合起来，把理想与现实结合起来，善于用"实际的理想"代替"不可能的梦想"。方法比想法更重要，或者说没有方法对应的想法，是没有价值的。

对大多数人来说，最佳的目标不是最有价值的那个，更不是最辉煌或自己最喜欢的那个，而是最有可能实现的那个。

为你的目标去拼搏

当一个人有了自己正确的目标后，应该付出行动去实现它，拿出一种不达目的不罢休的精神。即使我们为了这个目标而失败，也要再爬起来，继续向着它奋斗。如果我们每次树立目标后，尝试一下失败了就回头离开，那么，我们有可能永远达不到自己的目标。

全美篮球协会职篮高手"飞人"迈克尔·乔丹说："全美篮球协会里有不少有天分的球员，我也可算是其中之一，可是造成我跟其他球员截然不同的原因是，你绝不可能在全美篮球协会里再找到像我这样拼命的人。我只要第一，不要第二。"

迈克尔·乔丹拼命不懈的动力来自他高中一年级时一次篮球比赛上的挫败，那天，乔丹被学校篮球队退训，他回到家哭了一个下午。在这个重大打击下，他有可能就此放弃目标，不再打篮

球了，可是他没有这么做，而是把这个教训转化为愿望：为自己制定一个更高的目标。他的决定出自内心而且坚决，结果改变了自己的命运，也让篮球比赛的发展为之改观。他不仅要重新成为球队的一员，并且还要成为最棒的。

为了实现这个目标，他循着每位成功人士的轨迹去做：设定目标，随即付诸行动。在高二之前的暑假，他每天清晨 6 点便在教练的指导下进行密集训练。在此期间，他的身高长到 1.9 米。他迫切地想要达成心愿，每天在学校的攀爬架上勤练，企图使自己的身高增加，以求在球场上比赛时更占优势。

乔丹每天勤练不辍，他终于被选为校队队员参加比赛。他一步步成为全州、全美国大学，乃至全美篮球协会职业篮球史上最伟大的球员之一。他一次又一次改写了篮球比赛的纪录。

一切成功都不是一蹴而就的，需要不断地努力。成功之人都是为了自己的目标而努力拼搏的人。

阿波顿·辛克莱是美国著名的多产作家，他出生在一个贫困破落的家庭里。父亲是个卖威士忌酒的小贩，也是个嗜酒如命的人。儿童时代的辛克莱，几乎每天都要跑遍全市的小酒店去寻找他的父亲。找着以后，他还要把跟跟跄跄的父亲送回家，然后母亲翻遍父亲的口袋，把剩下的钱全拿出来，用作第二天全家人的开支。他们一家只能住在阴暗污秽的旧房子里，而且还不得不经常搬迁，因为他们经常交不起拖欠的房租而被人家驱逐。

在 10 岁以前，辛克莱一直没有时间和条件去上学，但是，他心中一直渴望成为一个有知识、有文化的人，强烈的求知欲望就像一头跳动着的小鹿，时时刻刻撞击着他的心。为了获得更多有用的知识，他利用一切空闲时间自学。凡是能找到的书他都读，凡是能利用的时间他一分一秒都不放过。每天寻找父亲路过大街上的书店的时候，他总会贪婪地看着橱窗里摆着的精美书籍。偶尔从邻居那里借来一本书，他就如获至宝地读起来。

就这样，在入学以前，他已经熟读了很多名人著作。因此，进入小学刚两年，他就跳班接受高等教育了。

他感受到学校的文化气息，也为能接近自己的目标而高兴，他决心更努力地去实现这个目标，使自己成为一个有知识、有文化的人。

进入高等学校以后，家里的生活更困难了。为了全家人的生活，也为了自己的学费，他开始自学写作。由于童年时期良好的自学习惯，他具备了深厚的文化功底。于是，他跑遍了纽约各专修学校和哥伦比亚大学，以一元钱一份的价格，出售自己写的滑稽故事，并且低价替一些杂志写小说。

辛克莱写作非常努力，他每晚都要写出 8000 多字来，白天还要精力充沛地去上课。大学毕业以后，辛克莱仍然笔耕不辍。为了安心写作，他在一个叫纽杰赛的地方搭了一座帐篷，希望能超越自己，写出更有价值的小说来。埋头写了 5 年之后，他写了 5 部小说，但他仍感到不满意，还想写出更加有深度和力度的作品来。于是，他又开始创作第六部作品《屠场》。结果《屠场》一发表，立刻震动了世界，他的名字也因此而大放光彩。

辛克莱很有毅力，不达目的决不罢休。终于，他实现了自己的目标。他一生共完成了 48 部巨著，他的作品被翻译成 44 个国家的文字。

要想从平凡走向成功，从成功走向卓越，我们只有靠自己的"法宝"才能实现，而这个法宝就是：奔着自己的目标，不达目的不罢休。

为实现目标锲而不舍

人生的目标容易设立，而实现目标的路却很难走。只有那些认准目标义无反顾的人，那些意志坚定、决不轻言放弃的人，才能达到自我实现的目的。因此，一旦目标明确，就要把奋斗目标作为精神支柱，为实现目标锲而不舍。

在圣彼得堡的 14 年中，无论在失明之前还是失明之后，欧拉都把"为科学做自己最大的贡献"这个目标作为奋斗的精神支柱。通过不懈地探索钻研，欧拉解答了费尔马数、哥尼斯堡七桥、凸多面体习性数和一些天文学上的计算难题，成为当时科学界一颗耀眼的明星。

1735 年，欧拉研究出了一种计算行星轨道的方法，他决心用这种方法来计算行星的轨道。计算了一整天，没有结果。于是，欧拉忘了吃饭，忘了睡觉，不停地算。

一天过去了，欧拉想要得到的东西隐隐约约出现在眼前。拿笔的手早已酸痛，双眼也刺痛得直流泪。可是，欧拉放不下笔，脑海里全是各种各样的数字、符号，它们使他无法停下来。

直到第三天，欧拉才终于得出了精确的数字。眼前的数字，放射出金子一样的光芒，令欧拉感到有些眩晕。他沉浸在无比的兴奋和激动之中。但仅仅一会儿，光芒开始慢慢变得模糊起来了，最后竟完全消失。

欧拉的右眼失明了，医生说：这是过度劳累和紧张的结果。欧拉并没有因为这巨大的不幸减弱他的工作热情，他依然忘我地进行他的研究工作。一眼失明并没有把他推进失望和消沉的深渊，相反更让他感到了生命的可贵，他更迫切地想要实现自己的目标。

1741 年，欧拉接受普鲁士王国腓特烈大帝的邀请，从圣彼得堡来到柏林科学院担任数学所所长。年富力强的欧拉，经验更加丰富，考虑问题更加成熟，对人生的认识也更加深刻。他在柏林度过了勤勉奋发、夙兴夜寐的 25 年。在这 25 年中，他研究解决了数论、几何、三角、代数、微积分、无穷极数、微分方程等几乎包括数学所有分支的问题，创立了变分法，出版了《微分学原理》《积分学原理》《力学或运动学的分析》《无穷小分析引论》等具有划时代意义的著作。这些著作具有开拓性、创造性，在欧洲数坛大放异彩。另外，欧拉还在力学、物理学、天文学以及建筑学方面，做出了杰出的贡献。

59 岁那年，欧拉的左眼开始只能依稀看到前方不远的东西，他抓紧时间，在大黑板上奋笔疾书，他发现公式以及种种引证计算，让学生和助手们抄录下来，然后根据他的口授内容写成论文。就在这年，欧拉再次接受圣学院的诚聘，来到俄国。不久，欧拉的左眼也完全失明了。

"一位年近花甲的老人将怎样在黑沉沉的世界里度过风烛残年呢？"人们不禁为欧拉感到担心。但欧拉有坚定的奋斗目标作为他的精神支柱，有事业、责任感、使命感给他提供战胜一切艰

难困苦的无穷力量。他的世界不会是黑沉沉的，因为他的脑海依然清晰，数学、符号、公式、原理、图形组成一个光明的世界。他后面的岁月不会是风烛残年，因为他还要一如既往地勤奋钻研、刻苦工作，奏响生命的最强音。

他凭着良好的记忆，将一切储藏在脑海里，然后计算、思考、论证、研究，他摸索着书写，或是口述出来让他人记录，于是，一篇篇论文、一本本著作又诞生了。他的生命不止，他的奋斗不息。

在追求自己目标的过程中，必然会经历各种磨炼和困难，唯有把奋斗目标作为精神支柱，才能找到抵抗挫折的动力，实现自己的目标。

拿破仑的名字大家都很熟悉，但是很少有人知道他年轻的时候，由于生活贫困，他灰心到了极点，几度使他放弃追求，成为一个"普通人"。

拿破仑的父亲是一个极高傲但是穷困的科西嘉贵族，父亲送拿破仑进了一个在布列讷的贵族学校，在这里与他往来的都是在他面前极力夸示自己富有而讽刺他穷苦的同学。

后来他实在受不住了，写信给父亲，说道："为了忍受他们的这些嘲笑，我实在疲于解释我的贫困了，他们唯一高于我的便是金钱，至于说到高尚的思想，他们是远在我之下的。难道我应当在这些富有而高傲的人之下谦卑下去吗？"

"我们没有钱，但是你必须在那里读书，而且一定要超过他们，因为这是你的目标。"父亲回答说。从此，每一种嘲笑、每一种欺侮、每一种轻视的态度，都使他增强了决心，发誓要做给他们看看，他确实是高于他们的。

在他 16 岁当少尉的那年，他遭受了另外一个打击，那就是他父亲的去世。在那以后，他不得不从很少的薪水中，省出一部分来帮助母亲。当他接受第一次军事征召时，必须步行到遥远的发隆斯去加入部队。

等他到了部队里时，看见他的同伴正在用多余的时间追求女人和赌博。而他那不受人喜欢的体格使他没有资格得到女人的青睐；同时，他的贫困也使他不可能去参加赌博。于是他改变方针，埋头读书，努力和他们竞争。读书和呼吸一样是自由的，因为他可以不花钱在图书馆里借书读，这使他得到了很大的收获。他想象自己是一个总司令，将科西嘉岛的图画出来，地图上清楚地指出哪些地方应当布置防范，这是用数学的方法精确地计算出来的。因此，他数学的才能获得了提高，这使他第一次有机会展示他的能力。

他的长官看到拿破仑的学问很好，便派他在操练场上执行一些特殊的工作，这是需要极复杂的计算能力的。他的工作做得极好，于是他又获得了新的机会，拿破仑开始走上通往成功的道路。

这时，一切的情形都改变了。从前嘲笑他的人，现在都拥到他面前来，想分享一点他得到的荣誉；从前轻视他的人，现在都希望成为他的朋友；从前讥笑他的人，现在也都极为尊重他。他们都变成了他的忠心拥戴者。

拿破仑之所以成功，就是因为他能够坦然面对贫困，并促使自己制定了伟大的目标，同时把这个奋斗目标化作了无穷的力

量，为实现目标执着地追求。

能够把奋斗目标作为自己的精神支柱，你便在无形中拥有了抵抗挫折和困难的力量，便能以最执着的追求成功地实现自己的目标。

短期目标是远大目标的基础

诺贝尔生理学或医学奖得主托马斯·亨特·摩尔根说得好："不要把志向立得太高，太高近乎妄想。没有人耻笑你，而是你自己磨灭了目标。目标不妨设得近点，近了，就有百发百中的把握。"

远大的目标，从来都不可能是一蹴而就的。为了实现远大的目标，你还得建立相应的中期目标与近期目标：从近期目标逐步向中期目标推进，你才能切切实实地感觉到向目标靠近，从而增强实现目标的希望。

一个没有明确目标的人就像一艘没有指南针的船，永远漂流不定，只会搁浅在失望、失败和丧气的海滩。美国前财务顾问协会总裁刘易斯·沃克在接受一位记者采访时，记者问道："到底是什么因素使人无法成功？"沃克回答："模糊不清的目标。"记者请沃克进一步解释，他说："我在几分钟前就问你，你的目标是什么？你说希望有一天拥有一栋山上的小屋，这就是一个模糊不清的目标。问题就在'有一天'不够明确，因为不够明确，成功的机会也就不大。""如果你真的希望在山上买一间小屋，你必须先找出那座山，找出你想要的小屋现值，然后考虑通货膨胀,算出 5 年后这栋房子值多少钱;接着你必须决定,为了达到这个目标每个月要存多少钱。如果你真的这么做了,你可能在不久的将来就会拥有一栋山上的小屋,但如果你只是说说,梦想就可能不会实现。梦想是愉快的,但没有实际行动计划的模糊梦想,则只是妄想而已。"

在半个世纪前,洛杉矶郊区有个没见过世面的孩子,才 15 岁,拟了个题为《一生的志愿》的表格,表上列出:

到尼罗河、亚马孙河和刚果河探险;登上珠穆朗玛峰、乞力马扎罗山和麦特荷恩山;驾驭大象、骆驼、鸵鸟和野马;探访马可·波罗和亚历山大一世走过的路;主演一部像《人猿泰山》那样的电影;驾驭飞行器起飞降落;读完莎士比亚、柏拉图和亚里士多德的著作;谱一部乐谱;写一本书;游览全世界的每一个国家;结婚生孩子;参观月球……

他把每一项编了号,共有 127 个目标。

当把梦想庄严地写在纸上之后,他开始循序渐进地实行。16岁那年,他和父亲到佐治亚州的奥克费诺基大沼泽和佛罗里达州的埃弗洛莱兹探险。他按计划逐个地实现了自己的目标,49 岁时,他完成了 127 个目标中的 106 个。他不辞艰苦地努力实现包括游览长城(第 40 号)及参观月球(第 125 号)等目标。

这个美国人叫约翰·戈达德,他成为一个成功的探险家。

设定目标的艺术是把它集聚在某一特定、详细的目的上。"许多"钱,"好"或"大"的房子,"高收入"的工作或成为一位"较好"的丈夫、妻子、学生……这些目标定得太笼统了。一般而言,都不够具体。例如,不能光讲是"大"或"好"的房

屋，你的目标应当很清楚地用细节表示出来。

设定了具体的目标才有利于针对具体的目标去努力，这样，就使追求目标更直接、更明确。

爱因斯坦年仅 26 岁时就在物理学的几个领域做出了第一流的贡献；美国波士顿大学生化教授阿西莫夫令人难以置信地写出 200 余部科普著作。试想，当时爱因斯坦 20 多岁，学习物理学的时间不算长，作为一个业余研究者，他的时间更是极为有限。而物理学的知识浩如烟海，如果他不是运用直接目标法，就不可能在物理学的三个领域都取得第一流的成就。他在《自述》中说：

"我把数学分成许多专门领域，每一个领域都能费去我们所能有的短暂的一生。物理学也分成了各个领域，其中每一个领域都能吞噬短暂的一生。可是在这个领域里，我不久就学会了识别出那种能导致深邃知识的东西，而把其他许多东西撇开不管，把许多阻塞脑袋、并使它偏离主要目标的东西撇开不管。"

爱因斯坦的做法有三点好处：

一是可以早出成果，快出成果。

二是有利于高效率地学习，有利于建立自己独特的、最佳的知识结构，并据此发挥自己过去未发挥的优点，使独创性的思想产生。

三是这种方法还可以是大胆的"外行人"毅然闯入某一领域并使之得以突破。DNA 双螺旋结构分子模型的发现就是有力的例证。

那么，应该如何设定明确具体的奋斗目标呢？

高尔基说：目标愈高远，人的进步愈大。人都会有这样的体会：当你确定只走 1 公里路的目标，在完成 0.8 公里时，便会有可能感觉到累而松懈，自己以为反正快到目标了。但如果你的目标是要走 10 公里路程，你便会做好思想准备和其他准备，调动各方面的潜在力量，这样走七八公里后，才可能会稍微放松一点。可见设定一个远大的目标，可以发挥人的很大潜能。

人生大目标是人生大志，可能需要 10 年 20 年甚至终生为之奋斗，这样的大目标是很难精确详细的。尤其是对成功经验不足、阅历不深的人来说，更是如此。随着成功经验的增加，阶段性的中短期目标的实现，人会站得更高，对人生大目标的认识会逐步清晰明确。所以人生大目标，可以不要求详细、精确，只要有个比较明确的方向就可以了。比如立志做个卓越的科学家、大企业家、政治家等。

中短期目标应既有激励价值，又要现实可行。心理学实验证明，太难的和太容易的事，都不容易激起人的兴趣和热情。只有比较难的事，才具有一定的挑战性，才会激发人的热情行动。中短期目标是现实行动的指南，如果低于自己的水平，干些不能发挥自己能力的事情，则不具有激励价值；但如果高不可攀，拿不出一项切实可行的计划来，不能在一两年内明显见效，则会挫伤积极性，反而起消极作用。

短期目标应尽可能具体明确，并限定时间。

短期目标，或者三五年，或者一两年，有的短期目标可短到半年三个月。这样的短期目标，如果还不具体明确的话，那等于没有目标。只有具体、明确并有时限的目标才具有行动指导和激励的价值。你要在特定的时限内完成特定的任务，你就会集中精

力，开动脑筋，调动自己和他人的潜力，为实现目标而奋斗。如果没有明确具体目标和时限，就难免精神涣散、松松垮垮。

分阶段实现大目标

目标远大，才能激发你心中的力量，但是，如果目标距离我们太远，我们就会因为长时间没有实现目标而气馁，甚至会因此而变得自卑。实现远大目标的好方法就是在大目标下分出层次，分步实现大目标。

1984年，在东京国际马拉松邀请赛中，名不见经传的日本选手山田本一出人意外地夺得了世界冠军。当记者问他凭什么取得如此惊人的成绩时，他说了这么一句话：凭智慧战胜对手。

当时许多人都认为这个偶然跑到前面的矮个子选手是在故弄玄虚。马拉松赛是比拼体力和耐力的运动，只要身体素质好又有耐性就有望夺冠，爆发力和速度都还在其次，说用智慧取胜确实有点勉强。

两年后，意大利国际马拉松邀请赛在意大利北部城市米兰举行，山田本一代表日本参加比赛。这一次，他又获得了世界冠军。记者又请他谈经验。

山田本一不善言谈，回答的仍是上次那句话：用智慧战胜对手。这回记者在报纸上没再挖苦他，但对他所谓的智慧迷惑不解。

10年后，这个谜终于被解开了。他在他的自传中是这么说的：每次比赛之前，我都要乘车把比赛的线路仔细地看一遍，并把沿途比较醒目的标志画下来，比如第一个标志是银行，第二个标志是一棵大树，第三个标志是一座红房子……这样一直画到赛程的终点。比赛开始后，我就以百米的速度奋力地向第一个目标冲去，等到达第一个目标后，我又以同样的速度向第二个目标冲去。40多公里的赛程，就被我分解成这么几个小目标轻松地跑完了。起初，我并不懂这样的道理，我把我的目标定在40多公里外终点线上的那面旗帜上，结果我跑到十几公里时就疲惫不堪了，我被前面那段遥远的路程给吓倒了。

生命比盖房更需要蓝图，成功者和平庸者的差别，就在于前者为生命做计划，决定一生的方向。你可以把自己的目标想象成一座金字塔，塔顶是你的人生目标。你定的每一个目标和为达到目标而做的每一件事情都必须指向你的人生目标。金字塔由五层组成。最上的一层最小，是核心。这一层包含着你的人生总体目标。下面每一层是为实现上一层的全套目标而要达到的较小目标。这五层分类如下：

①人生总体目标。这包括你的一生中要达到的2至5个目标，如果你能达到或接近这些目标，就是尽了全力实现你自己定下的人生目标。

②长期目标。这是你为实现每一个人生总体目标而制定的目标。一般来说，这些是你计划用10年时间做到的事情。虽然你可以规划10年以后的事情，但这样分配时间并不明智。目标越遥远，就越不具体，夜长梦多，但制定长期目标是重要的，没有长期目标，你就可能有短期的失败感。

③中期目标。这些是你为达到长期目标而定的目标。一般地

说，这些是你计划在 5 年至 10 年内做的事情。

④短期目标。这些是你为达到中期目标而定的目标。实现短期目标的时间为 1 至 5 年。

⑤日常规划。这是你为达到短期目标而定的每日、每周及每月的任务。短期目标界定什么重要，什么不重要，它使我们集中力量努力完成每一阶段的目标。短期目标是动用人力去取得特殊结果的基本工具。

要想顺利地、轻松地实现"未来远景"，就必须把自己的人生目标划分为每一个事业发展阶段的"短期目标"。这样，你就可以踏着这些台阶，达到成功的目标了。

（三）精心设计：打造自己牢固的根据地

发扬你的梦想

人类最神圣的遗传因子，就是善于梦想的力量。只要心中有梦想，相信一个美好的明天会到来，那么，成功迟早会到来。

有人认为，梦想只对于艺术家、音乐家、诗人有大用处，但在客观世界中，它没有位置。其实，我们应该知道，凡是各界的领袖，总是那些拥有梦想的人，如科学泰斗、工业巨子、商界巨擎，他们大都是拥有梦想，并为梦想奋斗的成功者。

美国某个小学的作文课上，老师给小朋友的作文题目"我的志愿"。

一个学生非常喜欢这个题目，在簿子上飞快地写下了他的梦想。

他希望将来能拥有一座占地十余公顷的庄园，在辽阔的土地上植满如茵的绿草。庄园中有无数的小木屋、烤肉区及一座休闲旅馆。除了自己住在那儿外，还可能和前来参观的游客分享自己的庄园，有住处供他们憩息。写好的作文经老师过目，这位小朋友的簿子上被画了一个大大的红"×"，发回到他的手里，老师要求他重写。这个学生仔细看了看自己所写的内容，并无错误，便拿着作文簿去请教老师。

老师告诉他："我要你们写下自己的志愿，而不是这些如梦呓般的空想，我要实际的志愿，而不是虚无的幻想，你知道吗？"

学生据理力争："可是，这真的是我的志愿啊！"

老师坚持说："不，那不可能实现，那只是一堆空想，我让你重写。"

学生不肯妥协，说："我很清楚，这才是我真正想要的，我不愿意改掉我梦想的内容。"

老师摇头说："如果你不重写，我就不能让你及格了，你要想清楚。"

学生不愿重写，而那篇作文就得到一个大大的"E"。

事隔30年之后，这位老师带着一群小学生到一处风景优美的度假胜地旅行，在尽情享受无边的绿草、舒适的住宿及香味四溢的烤肉之余，他看见一名中年人向他走来，并且自称曾是他的学生。

这位中年人告诉他的老师，他正是当年那个作文不及格的小学生，如今他拥有这片广阔的度假庄园，真的实现了儿时的梦想。

老师望着这位庄园的主人，想到自己 30 年前的往事，不禁叹道："30 年来，因为我自己的局限，不知道改掉了多少学生的梦想。而你是唯一保留自己的梦想、没有被我改掉梦想的学生。"

我们越能实现我们的梦想，则我们能力也越强大，越会有效能。一个人的梦想的实现，往往可以感应起一串新的梦想和努力。就在人类化梦想为事实的奋斗中，我们寻见了世界的种种希望。

不要阻止你的梦想、信仰，并且鼓励你的憧憬，发扬你的梦想，同时努力使之实现！这种使我们向上面展望，向高处攀登的能力，是与生俱来的，它是指示我们走上至善之路的指南针。你的生命的内容，都是依你的憧憬而决定。你的梦想，就是你生命历程的预言。

斯蒂芬森在他还是一个贫苦的矿工时，就梦想着要发明蒸汽机车，而他发明的蒸汽机车对世界交通工具起了革命性的作用。大西洋的海底电缆是菲尔德的梦想，实现他的梦想竟把欧洲和美洲联系在一起了！

善于梦想的人，无论怎样贫苦，怎样不幸，他总有自信。他藐视命运，他相信较好的日子终会到来。正是这种梦想，这种希望，这种永远期待着较好的日子的到来，使我们可以维持勇气，减轻负担，可以肃清我们前进路上的困难、挫折。

有了梦想，同时还须有实现梦想的坚强意志与决心。有了梦想而没有努力，有愿望而不能拿出力量来实现愿望，这是足以败事的。只有那实际的梦想——梦想并加以艰苦地工作，不断地努力，才有用处。像其他能力一样，梦想的能力是可以被误用或滥用的。有许多人整天除做黄粱美梦以外不做别的事，他们把全部的生命力浪费在"建造"空中楼阁上，他们居住在一个不自然而虚幻的世界中，直至其他各种能力因不活动而瘫痪为止。这样的"梦想"永远不可能获得成功。

把工作当成事业的起点

以对待事业的态度来对待你工作中的每一件事，并把它当成使命，你就能发掘出你自己特有的能力，即使是烦闷、枯燥的工作，你也能从中感受到价值，在完成使命的同时，你的工作也会真正变成一项事业。

15岁时，齐瓦勃家中一贫如洗，只受过短暂学校教育的他到一个山村做了马夫，然而齐瓦勃并没有自暴自弃，无时无刻不在寻找着发展的机遇。三年后，齐瓦勃来到钢铁大王卡内基所属的一个建筑工地打工。一踏进建筑工地，齐瓦勃就抱定了要做同事中最优秀的人的决心。当其他人在抱怨工作辛苦、薪水低的时候，齐瓦勃却默默地积累着工作经验，并自学建筑知识。

一天晚上，同伴们在闲聊，唯独齐瓦勃躲在角落里看书。那天恰巧公司经理到工地检查工作，经理看了看齐瓦勃手中的书，又翻开他的笔记本，什么也没说就走了。第二天，公司经理把齐

瓦勃叫到办公室，问："你学那些东西干什么？"齐瓦勃说："我想我们公司并不缺少打工者，缺少的是既有工作经验又有专业知识的技术人员或管理者，对吗？"经理点了点头。不久，齐瓦勃就被升任为技师。打工者中，有些人讽刺挖苦齐瓦勃，他回答说："我不光是在为老板打工，更不单纯为了赚钱，我是在为自己的梦想打工，为自己的远大前途打工。我们只能在业绩中提升自己。我要使自己工作所产生的价值，远远超过所得的薪水，只有这样我才能得到重用，才能获得机遇！"抱着这样的信念，齐瓦勃一步步升到了总工程师的职位上。25岁时，齐瓦勃成了这家建筑公司的总经理。

卡内基的钢铁公司有一个天才的工程师兼合伙人琼斯，在筹建公司最大的布拉德钢铁厂时，他发现了齐瓦勃超人的工作热情和管理才能。当时身为总经理的齐瓦勃，每天都是最早来到建筑工地，当琼斯问齐瓦勃为什么总来这么早的时候，他回答说："只有这样，当有什么急事的时候，才不至于被耽搁。"工厂建好后，琼斯推荐齐瓦勃做了自己的副手，主管全厂事务。

两年后，琼斯在一次事故中丧生，齐瓦勃便接任了厂长一职。因为齐瓦勃的天才管理艺术及工作态度，布拉德钢铁厂成了卡内基钢铁公司的灵魂。因为有了这个工厂，卡内基才敢说："什么时候我想占领市场，市场就是我的。因为我能造出又便宜又好的钢铁。"几年后，齐瓦勃被卡内基任命为钢铁公司的董事长。

齐瓦勃担任董事长的第七年，当时控制着美国铁路命脉的大财阀摩根，提出与卡内基联合经营钢铁。开始的时候，卡内基没理会。于是摩根放出风声，说如果卡内基拒绝，他就找当时居美国钢铁业第二位的贝斯列赫姆钢铁公司联合。这下卡内基慌了，他知道贝斯列赫姆若与摩根联合，就会对自己的发展构成威胁。

一天，卡内基递给齐瓦勃一份清单说："按上面的条件，你去与摩根谈联合的事宜。"齐瓦勃接过来看了看，对摩根和贝斯列赫姆公司的情况了如指掌的他微笑着对卡内基说："你有最后的决定权，但我想告诉你，按这些条件去谈，摩根肯定乐于接受，但你将损失一大笔钱。看来你对这件事没有我调查得详细。"经过分析，卡内基承认自己低估了摩根。

卡内基全权委托齐瓦勃与摩根谈判，取得了对卡内基有绝对优势的联合条件。摩根感到自己吃了亏，就对齐瓦勃说："既然这样，那就请卡内基明天到我的办公室来签字吧。"齐瓦勃第二天一早就来到了摩根的办公室，向他转达了卡内基的话："从第51号街到华尔街的距离，与从华尔街到51号街的距离是一样的。"摩根沉吟了半晌说："那我过去好了！"

后来，齐瓦勃终于建立了大型的伯利恒钢铁公司，并创下非凡的业绩，真正完成了从一个打工者到创业者的飞跃。

大多数人没有意识到自己在为老板工作的同时，也是在为自己工作——你不仅为自己赚到养家糊口的薪水，还为自己积累了工作经验，工作带给你远远超过薪水的东西。从某种意义上来说，工作真正还是为了自己。

有很多人对待自己的工作敷衍了事："我不过是在为老板打工。"在他们看来，工作只是一种简单的雇佣关系，做多做少、做好做差对自己意义并不大。这种想法真是大错特错，如果你只把工作当成一种养家糊口的手段，那么你一辈子也只能成为工作

的奴隶，只有时刻站在事业的高度对待你目前的工作，并把它当成事业的起点，你才能真正走上成功之路。

为自己设计命运

俄国著名作家车尔尼雪夫斯基说过："人的活动如果没有理想的鼓舞，就会变得空虚渺小。"只有先有梦想，然后才可能按照计划去实现梦想，才能取得人生的成功。如果你想着自己混个温饱就成，那你肯定不能成为百万富翁。

1995 年，27 岁的刘春俪成了下岗女工。经过一段时间后，刘春俪经人介绍，到了一家招待所做了一名客房部的服务员，开始了每天叠被子、打扫房间的工作。

刘春俪家里有老人、有上学的孩子，花销很大，而她每个月只有 400 元的收入，这种情况常常让她感到生活的巨大压力，但刘春俪从未感到灰心绝望。她常常这样激励自己：上帝对她关闭着一扇扇大门，一定是想引导她去找到那一扇实现成功的窗口。

1996 年的一天，刘春俪像往常一样，清扫招待所的走廊地毯，一位客人叫住她，让她帮忙到街上买一块香皂。刘春俪刚开始以为是自己粗心大意，忘了给客人房间配放一次性香皂，她急忙向客人道歉。但客人告诉她："房间里已经有一次性香皂了，可是我讨厌用那种小香皂，体积太小了不好拿，容易掉，质量也太差。"刘春俪帮助客人买回了香皂。

第二天，这位客人走了。刘春俪在收拾房间时，看到昨天客人买的香皂只用了一点点，招待所配送的一次性香皂因为客人已经打开了包装，也不能再用了。在将一大一小两块香皂丢进垃圾桶的时候，刘春俪突然心里一动：客人出差在外，都喜欢方便，不愿意携带大块的香皂，而宾馆酒店提供的香皂又因为体积小、质量差等原因不能让客人满意。这不仅有损于宾馆酒店的声誉，还造成了不小的浪费。

刘春俪分析了客人不喜欢小香皂的原因：一是质量较次，二是难拿难握，洗脸时缺少舒服的感觉；而宾馆酒店方面也不可能为了满足客人的喜好而增加经营成本为客人配备大香皂。能不能做出一种折中的香皂，既能满足客人的需要，增大体积，让客人好拿好握，同时又不影响质量，不造成浪费，不提升成本呢？

连续几天，刘春俪都被这个问题困扰着。

一天，刘春俪无意中被孩子们玩的塑料球吸引住了。她想：如果在塑料球的外面包上一层香皂，即设计一种空心的香皂，这样，既能增加香皂的体积，让客人好拿好握，好擦洗，又没有增加香皂的用量和成本，一举两得，这种香皂一定会得到顾客和酒店的欢迎。

刘春俪带着自己的设想到了市内一家香皂厂。香皂厂的经理对此大为称赞，但当刘春俪询问他们工厂能不能生产这种香皂时，这位经理却遗憾地告诉她，因为这种香皂的生产工艺与传统香皂的生产工艺完全不同，因此，他们无法生产。不过，这位热心的经理最后鼓励刘春俪先去为这种产品申请一个专利。

1998 年 4 月 16 日，刘春俪终于申请到了新型香皂的专利权。

接下来，便是漫长的技术攻坚。皂粒熔点的掌握、皂粒与塑料球的附着等问题都包含着极高的科技含量。为此，刘春俪不知

道求了多少人，做了多少次试验。

她经常用美国作家马克·吐温的一段话来激励自己："一个人的一生，如同一个个环套起来的锁链，如果其中一个锁链改变了位置，那么整个人生都会因此改变。"

刘春俪经过一年时间的不断钻研，空心香皂技术上的难关被一一克服。1999 年，她的新型香皂已经达到了可以批量生产的水平。看到自己的创意终于变成了产品，从机器上"流"出来，刘春俪真正领略到了创业的艰辛与快乐。

刘春俪在报纸上刊登了广告，有很多酒店和宾馆直接和她订货了。没过多久，刘春俪的专利——空心香皂就出现了供不应求的局面。

刘春俪成立了一家公司，她从一个人人同情的下岗女工，变成了一个身家数十万元的女老板。

从这个例子可以看到，你不甘心永远贫穷，只要你有自己的理想并努力去思考，你就可能获得财富。但是，如果你安于现状，任由命运支配，那么，你就永远不会拥有财富。

如果你不想白白浪费自己的青春和生命，那么，在你的人生、工作中，你就要有追求成功的理想，这个理想会影响甚至决定你以后的生活。如果你将你的人生理想只定位于混一碗饭吃，那么，你可能一生都在为了"混一碗饭吃"而"奋斗"着，也很可能就连这"一碗饭"也混不到嘴里。

你可以为自己设立一个理想，比如说，几年之内你要为自己和家人积累多少财富，然后，在实现这个理想的过程中，一步一步按照计划去做，你可以品味挑战和拼搏的喜悦，你还可以为发现了一个新的自我而感动。一切生物中，只有我们人类才拥有一项特权：这就是为自己设计命运，而不是屈服于命运的安排。

把"不可能"变成"可能"

人生中的许多事情你是能够做到的，只是你不知道自己能够做到；但如果你相信自己能够做到，并为之付出努力，你就一定能做到。

汤姆·邓普西生下来的时候只有半只左脚和一只畸形的右手，父母从不让他因为自己的残疾而感到不安，而是鼓励他去做任何自己想做的事情。结果，他能做到任何健全男孩所能做的事。

汤姆·邓普西学习踢橄榄球，他发现，自己能把球踢得比在一起玩的男孩子都远。他请人为他专门设计了一只鞋子，参加了踢球测验，并且得到了冲锋队的一份合约。

但是教练却尽量委婉地告诉他，说他"不具备做职业橄榄球员的条件"，让他去试试其他的职业。最后汤姆·邓普西申请加入新奥尔良圣徒球队，并且请求教练给他一次机会。教练虽然心存怀疑，但是看到这个男孩这么努力，对他有了好感，因此就收了他。

两个星期之后，教练对他的好感加深了，因为他在一次友谊赛中踢出了 55 码远并且为本队挣得了分数。这使他获得了专为圣徒队踢球的工作。汤姆·邓普西在那一季度中为他的球队挣得了 99 分。

汤姆·邓普西一生中最伟大的时刻到来了。那天，球场上坐了 6.6 万名球迷。球是在 28 码线上，比赛只剩下几秒钟。这时球队把球推进到 45 码线上。"邓普西，进场踢球！"教练大声说。

当汤姆·邓普西进场时，他知道他距离得分线有 55 码远。队友们把球传过来，汤姆·邓普西一脚全力踢在球身上，球笔直地前进。6.6 万名球迷屏住气观看，球在球门横杆之上几英寸的地方越过，接着终端得分线上的裁判举起了双手，表示得了 2 分。比赛结束的哨声响起，汤姆的球队以 19 比 17 获胜。球迷狂呼乱叫，为踢得最远的一球而兴奋，因为这是只有半只脚和一只畸形的手的球员踢出来的！

"真令人难以置信！"有人感叹道，但是邓普西只是微笑。他想起他的父母，他们一直告诉他能做什么，而不是不能做什么。他之所以创造这么了不起的纪录，是因为："他们从来没有告诉我，我有什么不能做的。"

永远也不要消极地认定什么事情是自己不可能做到的。首先你要认为自己能让"不可能"三个字从你的人生字典里消失，然后要去尝试，再尝试，最后你就会发现"不可能"的事完全可以变成"可能"。

拿破仑·希尔在年轻的时候就有一颗要当一名作家的雄心。他知道，要达到这个目的，自己必须精于遣词造句。但是由于他小的时候家里很穷，接受的教育并不完整，因此"善意的朋友"就告诉他，说他的雄心是"不可能"实现的。

年轻的希尔没能听从这些"忠告"，他有钱买了一本最好的、最完全的、最漂亮的字典，他所需要的字都在这本字典里面，而他的想法是要完全了解和掌握这些字。他首先做了一件奇特的事，他找到"不可能"这个词，用小剪刀把它剪下来，然后丢掉。于是他有了一本没有"不可能"的字典。以后，他把自己的整个事业建立在这个前提下，无论何时何地做任何一件事，他从不轻易地认为"不可能"做成。

你并不需要在字典中把"不可能"这三个字剪掉，但你要从你的心智中把这个观念铲除掉。抛弃"不可能"的想法，不再为它提供理由，不再为它寻找借口，用光明灿烂的"可能"来代替它。

（四）增强信心：给自己多一点勇气

给自己多一点信心

人们常常埋怨社会埋没人才。其实，由于缺乏信心和勇气、自卑、懒惰、安于现状和不思进取等而自我埋没的现象也是相当普遍的。如果我们能给自己一点的信心、勇气、干劲，多一分胆略和毅力，就有可能使自己身上处于休眠状态的潜能发挥出来，创造连自己都吃惊的成功来。

世界名著《飘》的作者玛格丽特她 26 岁那年，决定写一本以美国内战为背景的小说，她自己称这部小说为"美国最伟大的小说"。

她写这部小说的方式很特别，最开始写好的是最后一章，然

后前面写一章，后面写一章。对于书中的细节，她相当考究，绝不敷衍了事。为了描写夏日骄阳下的红色黏土道路，她一定要找到那样的屋子来研究。

就这样，她一直持续着"美国最伟大的小说"的写作计划，壁橱中的稿件越积越多。朋友偶尔问她："在写什么？"她总是笑着回答说："当然在写美国最伟大的小说！"

9年中，她从未间断她的创作。1935年，麦克米伦图书公司副董事哈罗德到亚特兰大寻找新作家，玛格丽特的几位好友知道她在写一部"美国最伟大的小说"，建议哈罗德前往接洽，但是玛格丽特却两度拒绝，因为她觉得还未写完。

直到有一天晚上，玛格丽特抱着小说原稿跑到哈罗德住的旅馆向他说："我现在在楼下的会客室里，我的小说完成了，你若想看我的稿子，快点下来拿，要不然，我会改变主意的。"

不久后，这本书出版了，并且空前畅销，6个月内就卖了100万册。大卫·赛尔兹涅克根据这本小说，拍成了经典名片《乱世佳人》，在世界各地掀起了郝思嘉风潮。玛格丽特凭着信心和努力，终于创作出了不朽的巨著。

每一个成功者的背后，都有一股巨大的力量——信心在支持和推动他们不断向自己的目标迈进。没有信心的人，会白白错过很多好机会。

1955年，日本大企业井植岁男（三洋电机创办人）家中的一个园艺师傅，因为欠缺信心，白白丧失了一个成功的机会。

有一天，园艺师傅向井植说："社长先生，我看您的事业越做越大，而我就像树上的蝉，一生都在树干上，太没出息了。您教我一点创业的秘诀吧！"

井植点头说："行！我看你比较适合园艺方面的事业。这样好啦，在我工厂旁有 2 万平方米的空地，我们合作来种树苗吧！"

"树苗一棵多少钱买得到呢？"

"40 元。"

井植又说："好！以一平方米种两棵计算，扣除中途死掉的，2 万平方米大约可种 25000 棵，树苗的成本刚好 100 万元，3 年后，一棵可卖多少钱呢？"

"大约 300 元。"

"100 万元的树苗成本与肥料费都由我来支付，以后的 3 年，你负责除草与施肥等工作。3 年后，我们就有 600 多万元的利润，到时候我们每人一半。"

不料园艺师傅却拒绝说："哇，我只是一个小员工，肯定干不了那么大的生意。"

最后，井植只好以付工资的方式，聘用那个园艺师傅栽种树苗。就这样，园艺师傅白白丧失了一个致富良机。

一个没有信心的人，再好的机会到来，也不敢去掌握与尝试。固然他没有失败的顾虑，但是也失去了成功的机会。

只要有信心，任何梦想都可以实现，任何奇迹都可能诞生。也许，这就是信心的魅力！信心的力量在成功者的足迹中起着决定性的作用，要想事业有成，就必须拥有无坚不摧的信心。

坚持是一种毅力和精神

世间不存在人无法克服的艰难和困苦，在你面临绝境行将没顶时，在你气喘吁吁甚至精疲力竭时，你只要再坚持一下，奋发拼搏一下，困难就会被你征服了，你就坚强了许多。

坚持是导向成功的"临门一脚"。日本著名企业家士光敏夫说过，一旦把要做的事情决定下来，就一定要以必胜为信念，以坚韧不拔的精神干到底。人没有努力的界限，所欠缺的往往是坚定不移的意志……面前遇到墙壁，就要决心穿过去，即使失败了，只要紧紧盯住目标，最终就不会倒下去。即使倒下去，爬也要往前爬。歌德这样描述坚持的意义："不苟且地坚持下去，严厉地驱策自己继续下去，就是我们之中最微小的人这样去做，也很少不会达到目标。因为坚持的无声力量会随着时间而增长到没有人能抗拒的程度。"

电影明星史泰龙的父亲是一个赌徒，母亲是一个酒鬼。父亲赌输了，又打母亲又打他；母亲喝醉了也拿他出气发泄。他在拳脚交加的家庭暴力中长大，常常是鼻青脸肿。因此，他面相很不美，学习也不好。高中辍学，便在街头当阿混。直到他20岁的时候，一件偶然的事刺激了他，使他醒悟反思："不能，不能这样做。如果这样下去，岂不是和自己的父母一样吗？成为社会垃圾，人类的渣滓，带给别人、留给自己的都是痛苦——不行，我一定要成功！"

他下定决心，要走一条与父母迥然不同的路，活出个人样来。但是做什么呢？他长时间地思索着。从政，可能性几乎为零；进大企业去发展，学历和文凭是目前不可逾越的；经商，又没有本钱……他想到了当演员——当演员不需要文凭，更不需要本钱。但是他显然不具备演员的条件，长相就很难使人有信心，又没接受过任何专业训练，没有经验，也无"天赋"的迹象。然而，"一定要成"的驱动力，促使他认为，这是他今生今世唯一出头的机会，决不能放弃。

他来到好莱坞，找明星、找导演、找制片……找一切可能使他成为演员的人，处处哀求："给我一次机会吧，我要当演员，我一定能成功！"

他一次又一次被拒绝了，但他并不气馁。他知道，失败定有原因，每被拒绝一次，就认真反省、检讨、学习一次。一定要成功，痴心不改，又去找人……两年一晃过去了，钱花光了，他只能在好莱坞打工，做些粗重的零活。他暗自垂泪，甚至痛哭失声。难道真的没有希望了吗？难道赌徒、酒鬼的儿子就只能做赌徒、酒鬼吗？不行，我一定要成功！他想，既然不能直接成功，能否换一个方法。他想出了一个"迂回前进"的思路：先写剧本，待剧本被导演看中了，再要求当演员。

两年多的耳濡目染，每一次拒绝都是一次口传心授、一次学习、一次进步。因此，他已经具备了写电影剧本的基础知识。一年后，剧本写出来了，他又拿去遍访各位导演，"这个剧本怎么样，让我当男主角吧！"普遍的反映都是，剧本还可以，但让他当男主角，简直是天大的玩笑。他再一次被拒绝了。

他不断对自己说："我一定要成功，也许下一次就行，再下一次、再下一次……"在他一共遭到1300多次拒绝后的一天，

一个曾拒绝过他 20 多次的导演对他说:"我不知道你能否演好,但我被你的精神所感动。我可以给你一次机会,但我要把你的剧本改成电视连续剧,同时,先只拍一集,就让你当男主角,看看效果再说。如果效果不好,你便从此断绝这个念头吧!"

为了这一刻,他已经做了 3 年多的准备,终于可以一试身手了。机会来之不易,他不敢有丝毫懈怠,全身心投入。第一集电视剧创下了当时全美最高收视纪录——他成功了!

史泰龙的健身教练哥伦布医生曾这样评价过他:"史泰龙每做一件事都百分之百投入。他的意志、恒心与持久力都是令人惊叹的。他是一个行动家,他从来不呆坐着让事情发生——他主动地令事情发生。"

坚持到底就是胜利。但真正做到坚持到底并不容易,宋朝诗人杨万里有诗曰:"莫言下岭便无难,赚得行人空喜欢。正入万山圈子里,一山放过一山拦。"人在奋斗的过程中,由于条件有限,必然困难重重,也会存在种种干扰。这些困难干扰就像一座座山横亘在我们前进的道路上,是望山止步,还是翻山而行?

有很多人历经了千辛万苦,却在关键的时候没能够再坚持一下,结果与成功擦肩而过。

传说,为了让妻子起死回生,俄耳甫斯用琴声感动了地府的守门官,他被允许带领妻子重返人间。但条件是要求他必须有恒心,在走出阴曹地府之前,不能为苦所惧,为情所劝,不能回头看妻子一眼。俄耳甫斯历经千难万险之后,气喘吁吁,力倦神疲,在即将踏上人间土地的时候,他停了下来,禁不住回头看了看妻子,结果一切努力顷刻间付之东流,他那可爱的妻子又不得不被带回了冥国，俄耳甫斯的努力因缺乏恒心而功亏一篑。

任何人在向理想目标前进的过程中，都难免遭遇各种阻力和重重困难，在这种情况下坚持则是最难能可贵的。坚持，就是要在做某种事情时，不朝秦暮楚，不被面前的困苦吓倒，不半途而废，不浅尝辄止，不功亏一篑。坚持是一种毅力，一种精神。

世界上没有任何东西能够代替坚持。才干不能，有才干的失败者比比皆是；天才不能，"天才无报偿"已成为一句俗语；教育不能，被遗弃的教养之士到处可见。唯有坚持才能克服一切困难，达到成功的顶点。

信念是成功的灵魂

信念是人人都可以支取，并且是取之不尽、用之不竭的最大潜能。信念能使人对千千万万的信息具有检索的能力，是你头脑中的指挥中枢。曾有人说："一个有信念的人所发出来的力量不下于99位仅心存兴趣的人。"一个没有信念的人，就像少了发动机的汽车，不能动弹一步。

很多年前，当艾德温·巴尼斯在新泽西州从货运列车上跳下来时，他的模样看起来像一个无业游民，但是他却有一个执着的信念：要做伟大发明家爱迪生的商业伙伴。

在前往新泽西州的奥伦芝的路上，巴尼斯不是想："我要劝说爱迪生随便给我一个工作。"而是："我要见爱迪生，并且告诉他，我来是要做他事业上的伙伴的。"他没有说："我要睁开眼睛注视着另一个机会，以防万一在爱迪生的企业中得不到我所

要的工作。"他只暗示自己："在这个世界中只有一样东西是我决心要得到的，那便是和爱迪生合作发展事业。我要把我的整个前途和全部能力投注在我的事业上，去获得我所要的东西。"

在第一次会晤中，巴尼斯并未建立起他与爱迪生的合作伙伴关系。他只是在爱迪生的办公室里得到了一个工作机会，而且薪水很低。

几个月过去了。巴尼斯一心所想达到自己暗自确定的那个愿望，没有丝毫进展。但是，巴尼斯不断地在强化他想做爱迪生商业伙伴的这一欲望。

心理学家说得非常正确："当一个人真的渴望去做一件事情时，这件事情自会出现。"巴尼斯准备与爱迪生在商业上合作，而且他决心继续积极准备，直到他达到目标为止。他从未对自己说："算啦，有什么用呢？我想我得改变原来的主意，试试做一个推销员吧。"而是他一直都对自己这样说："我到这儿来是为了与爱迪生合作，我一定要达到这个目标，即使耗尽我的一生也在所不惜。"

爱迪生刚刚完成一种新的办公用具的发明，当时称之为"爱迪生口授机"。他的销售人员对此不热衷，他们不相信这种机器能轻易脱手。巴尼斯意识到他的机会来临了！这种机会悄然来到，它是藏在除了巴尼斯和发明家之外、没有其他人感兴趣的一具怪模怪样的机器之中。

巴尼斯知道他能推销爱迪生的口授机。他向爱迪生提出请求，并立即得到了允许。他不但销售出了这种机器，而且事实上他的销售十分成功。于是爱迪生和他签了约，让他负责在全国推销。

坚定的信念使伟大的巴尼斯和伟大的发明家爱迪生结成商业伙伴关系。他破釜沉舟地坚持着他的信念，直到这个信念变成了事实。

信念的最初形式是念头、意念。念头要变成信念，还要看你对这个念头的执着程度，也就是必须有实现这个念头的决心、信心和恒心。

100多年前，芝加哥发生了一场空前的大火灾。第二天早晨，一大群商人站在斯台特街上，看着他们的店铺几乎全部化为灰烬，然后聚集在一起商量对策。是重建家园呢？还是迁离芝加哥到更有希望的地方重新做起？他们达成的决议是离开芝加哥，其中只有一人例外。

这位决定留下来的商人叫马歇尔·裴德，他指着他的商店的灰烬说："各位，就在这个地点，我要建起世界上最大的商店，无论它烧掉多少次。"

这已经是一个世纪以前的事了。这家商店早已重建起来，而且直到今天还竖立在那里。在生意难做、前途看起来暗淡的时候，其他的人便打点行装，迁到比较容易发展的地方去。马歇尔·裴德没有这样做，这就是马歇尔·裴德和其他商人之间的不同之处，因为他有在芝加哥干一番事业的梦想，他用自己执着的信念终于实现了自己的梦想。

要取得事业成功，必须有坚定的信念，这样他才会保持那种炽烈求胜的欲望，这才是成功的关键。

积极思考，消除偏见

人类的神奇力量不是来自肢体，而是来自头脑，来自人类头脑所独有的思维功能。人的思维是人力量的源泉，也是人能够改变自己的内在基础。只要运用大脑，积极思考，人就能够在社会生活中发现机会，创造机会，改变自己的生活，实现人生目的。

欧洲人涌入澳洲开拓殖民地时，有一个冒险者在澳洲奋斗多年，一事无成，穷困潦倒。一天，他偶然在海边钓到一条大鲨鱼，发现鲨鱼肚子里有个小皮包，包内有一张两个月前的英国报纸，报上报道说英国和一个国家爆发了战争。他从这条信息想到，战备物资需要大量羊毛，羊毛价格肯定会上涨，当时澳洲羊毛严重滞销，价格极低。而从英国开来澳洲的船，至少再过一个星期才能到达。于是，他开始大量收购羊毛。一星期后，消息传来，许多经商的人都转而做羊毛生意，羊毛价格直线上升。这位冒险者靠这条信息一夜之间成了百万富翁。

鲨鱼肚子里一张旧报纸上不起眼的消息蕴藏了机会，这个冒险者善于思考，抓住了这条有用的信息，便改写了自己的人生。纷扰繁复的现实生活中处处存在着机会，而要觅得机会，把握机会，就必须善于在多变的世界里洞微烛幽，积极思考，做到见微知著，及时获取有用的信息，不断地与自身实际结合起来，进行分析、判断，只有这样才能抓住稍纵即逝的机会。

一个人的每一个进步、每一个行动都离不开思考，善于思考的人能从平凡中发现机会，从绝望中看到希望，从而创造出一片开阔的天地。

一天夜里，一场雷电引发的火山烧毁了美丽的"万木庄园"，这座庄园的主人威廉·维尔陷入了一筹莫展的境地。面对如此大的打击，他痛苦万分，闭门不出，茶饭不思，夜不能寝。

转眼间，一个多月过去了，年已古稀的外祖母见他还陷在悲痛之中不能自拔，就意味深长地对他说："孩子，庄园成了废墟并不可怕，可怕的是，你不动动脑筋去思考怎样改变这种现状。"

威廉·维尔在外祖母的劝说下，决定出去转转。他一个人走出庄园，漫无目的地闲逛。在一条街道的拐弯处，他看到一家店铺门前人头攒动。原来是一些家庭主妇正在排队购买木炭。那一块块躺在纸箱里的木炭让威廉·维尔眼睛一亮，他看到了一线希望，急忙兴冲冲地向家中走去。

在接下来的两个星期里，威廉·维尔雇了几名烧炭工，将庄园里烧焦的树木加工成优质的木炭，然后送到集市上的木炭经销店里。很快，木炭就被抢购一空，他因此得到了一笔不菲的收入。他用这笔收入购买了一大批新树苗，一个新的庄园初具规模了。

几年以后，"万木庄园"再度绿意盎然。

人类的每一种行为、每一种进步，都与自己的思维能力息息相关。成功总是属于积极思考的人。不去思考和判断，就是把自己的脑袋交给别人让他人帮你看管。思考是寻求智慧的开始。思考会让我们明白为什么要去做一件事情，做这件事情什么利弊；思考让我们看到事情的根本原因而不仅仅是其表面的浮躁的东西。面对问题和选择的时候，应该多问几个为什么，不要轻信，更不要盲从。积极地思考，理性地分析也是更加全面真实了解事情真相的利器，也能够使得我们更加容易消除偏见，获得真实的东西。

发挥自我优势：实现自己的人生价值

（一）把握机遇：为成功打下坚实的基础

机遇只会垂青有准备的人

机遇不是运气。要抓住机遇，就要有一个"有准备的头脑"。简单地说，就是让你的头脑时刻保持警觉，一旦机遇出现，就认出它、抓住它、利用它。

30岁的惠子是日本大阪美格化妆品企业的营销总监。如今她春风得意，然而，很少有人知道，当年她是在求职路上屡屡碰壁之后，才踏进这家公司大门的。

几年前，惠子因为学历低，被原来的公司裁员了。失去工作的她十分懊恼。再加上父亲有病在身，家庭情况容不得她整天坐在家里等着新工作到来。于是，惠子去邮局买了一沓信封和若干邮票，按照报上登的招聘广告提供的信息寄应聘信。

一沓信封两天就用完了，惠子开始耐心地静候佳音。老天有眼，好消息终于传来，两封回信、两个电话。接下来是去面试，将要面试的是一家保险公司。

初次面试顺利，第二次面试人问，"你的人生观、价值观是什么？"

惠子蒙了：从来没考虑过。她答得结结巴巴。这一次考试就这么结束了，去其余几个公司面试也相继告吹。

为了改变自己的形象，惠子先理了一个时尚的发型，然后又买了一套职业装，然后挑选了印刷精美、质地优良的信封，开始了新一轮的投送。

回音又不断传来，惠子又像赶场似的去面试，然而结局还是跟之前一样。屡战屡败的惠子，翻着手头所剩无几的面试通知书，心中好不凄凉。其中有一张通知是一家化妆品公司寄来的，无意间提醒了她，家里的洗涤用品该买了。

在商场里，惠子看到了那家公司的产品，惠子似乎突然明白该怎么做了。她在商场泡了一整天，观察有多少顾客光顾化妆品专柜，有多少人买了这家公司的产品。她小心翼翼地赔着笑脸，向售货员小姐询问有关化妆品的事情，得到不少"情报"。

两天后的面试，惠子说出了不少关于化妆品市场的分析。

主持面试的那家公司的副总是特地从神户赶来大阪的，听完惠子的讲述，率直地说："惠子小姐，对不起！您刚才讲的有很多错……"

"哦！请您，请您再给我一次机会。"惠子带着期望的眼神看着面前的副总。

"惠子小姐，听我把话说完，尽管你讲的很多情况是错的，但你是所有应聘者中唯一肯花时间到商店去看我们产品的，我看你是一个有心的女孩儿，这样吧，你明天来上班吧！"

一切是这么艰难，艰难是因为自己以前没有准备；一切又是这么简单，简单是因为自己现在有了准备的头脑。就这样，惠子上班了。几年后，她凭借自己有准备的头脑，把握住了一次又一次的机遇，终于坐上了营销总监的宝座。

惠子的故事告诉我们：人生很多事并不是撞大运，机遇只会垂青有准备的人。著名的微生物学家巴斯德说得好："机遇偏

第四章　发挥自我优势：实现自己的人生价值

· 153 ·

爱有准备的头脑！"机遇的产生和利用都需要有其主、客观条件。从主观上讲，机遇只属于那些有准备的人。这里的准备主要有：一是知识的积累。没有广博而精深的知识，想发现和利用机遇是不可能的；二是思维方法的准备，只具备知识，而没有必要的思维方法，只能让机遇白白地从身边溜走。

机遇来了就要抓住

人生充满机会，但人的命运却又各不相同，一个关键的因素就在于相机而动，看是否能够在机遇面前不迷失自己，真正抓住机遇为我所用。有一位诗人曾经说："生命巨流中的黄金时刻稍纵即逝，除了沙砾之外我们别无所见；天使前来探讨，我们却当面不识，失之交臂。"

1981 年，英国王子查尔斯和戴安娜要在伦敦举行耗资 10 亿英镑轰动全世界的婚礼。

消息传开，伦敦城内及英国各地很多工商企业都绞尽脑汁想借此难逢的良机大发一笔。有的在糖盒上印上王子和王妃的图案。但在诸多的经营者中，有一位老板娘的想法最奇妙。

这位老板娘想，人们最需要的东西就是最赚钱的东西，一定要找出在婚礼那一天人们最需要的东西。盛典之时，要有百万以上的人观看，将有一多半人由于距离远而无法一睹王妃的尊容和典礼盛况。这些人在那时最需要的不是购买一枚纪念章、买一盒印有王子和王妃照片的糖，而是一副能使他看清婚礼盛典的望远镜。

到了盛典那一天，正当成千上万的人由于距离太远看不清王妃的尊容和典礼盛况而急得毫无办法的时候，老板雇用的卖望远镜的人出现在人群中。他们高声喊道："卖望远镜了，一英镑一个！请用一英镑看婚礼盛典！"顷刻间，几十万副望远镜抢购一空。这位老板因此发了笔大财！

机遇对任何人都是平等、公正的，就看谁抓得准、用得好。其实，在这个事例中，众多的英国商家也不是没去抓机遇，只是因为他们没有抓准，所以也就没有抓牢。而经营简易望远镜的那位老板才是真正抓准、抓牢了机遇。

在人生的道路上，当理想难以实现，勤奋、毅力和各种方法都无济于事的时候，突然，一个机遇出现在你的面前，解救了你，使你在事业上有了进步，甚至获得了成功，这种事情在生活中常常发生。

美国已故的钢铁巨头卡内基，原来只是铁路部门的一个小职员。1865年，美国南北战争宣告结束，卡内基敏锐地意识到经济复苏在即，而经济的调整发展，必然带动钢铁需求量与日俱增。于是，卡内基义无反顾地辞去了有优厚报酬的工作，创立了联合制铁公司。因为卡内基抓住了经济复苏的机遇，终于在美国钢铁业立住了脚跟。

1873年，美国出现了经济大萧条。银行倒闭，证券交易所关门，铁矿山及煤山相继歇业，许多钢铁公司的炉火也熄灭了。卡内基断言："只有在经济萧条的年代，才能以便宜的价格买到钢铁厂的建材，工资也相应便宜。这又是一次千载难逢的好机会，绝不可以失之交臂。"在经济最不景气的情况下，卡内基却反常

人之道，又新建了一座钢铁制造厂。卡内基又抓住了一次机会，终于获得了巨大的成功。

1881 年，卡内基公司的钢铁产量居全美的 1 / 7。这代表了卡内基钢铁产量在美国占据了举足轻重的位置，并逐步向钢铁垄断型企业迈进。卡内基的成功是因为善于抓住机遇。他经常对人说："机会对一个人很重要，它是一扇让你通向成功的门，尽管成功需要百折不挠地艰苦奋斗，但我们找到一扇通往成功的大门也同样十分重要。"

对机遇的到来必须有敏锐的嗅觉和判断能力。当别人对机遇的到来还麻木不仁时，你能捷足先登，抢占先机，就获得了机遇。只有善于抓住机遇，才能使它成为成功的跳板。

模仿能给你带来意想不到的机遇

在追求成功的过程中，要善于模仿成功者的长处和优点，更快地绕过误区，找到通向成功的捷径。

美国加利福尼亚州的大企业家约瑟夫原是牧场的牧羊童，小学毕业后因家境困难不允许他继续升学，他就一边牧羊，一边想法读书。但当他埋头读书时，羊却常常撞倒铁丝围成的牧栅，成群跑到邻近的田里去损害农作物。后来他发觉有一段牧栅种着蔷薇，却从来没有被破坏过。他努力思考，终于发现了羊群不靠近那一段牧栅的原因："对啦，因为蔷薇有刺！"

于是他砍了一些蔷薇枝栽植在牧栅的旁边。但他立刻领悟到：用蔷薇来做牧栅太费时间了，少说也要两三年，而他需要的是现在就能创造读书的条件。几天后，一种想法触动了他：为何不模仿蔷薇做些"铁刺"缠在铁丝栅上？他马上行动，当天就完成了。就这样他发明了有刺铁丝，后来他又对刺的装法进行了改良。

意外的"模仿"给他带来了机遇——原来曾斥责他牧羊看书的老板看到约瑟夫的发明受到各方面人士的称赞，就投资生产，订货单纷至沓来。约瑟夫因此获得带刺铁丝的发明专利权。这种带刺的铁丝还引起美国陆军总部的重视，把这种技术运用到军事中，用带刺铁丝来作为战地防线，这给约瑟夫带来了一笔可观的收入。

模仿能带来意想不到的机遇，成为抢占机遇的"捷径"。

20多年前，美国一个制糖公司把方糖输出到南美洲时，在海运中常发生因方糖潮湿而致使损失惨重的事件。公司为此邀请专家研究对策，但始终找不到一个良好的办法。然而该公司一位工人却有一个主意：在方糖包装盒的角落戳个针孔，使它通风，以达到防潮的目的。方法虽然极为简单，但十分有效。这个人因这个"小发明"而获得100万美元的报酬。这个发明很快传入日本。有位日本人对"戳小孔"这一技术进行模仿，发现在打火机的火芯盖上钻个小孔可以使通常灌一次气只能用10天延长到50天。他马上向政府申请专利，并获得50万个订货。

在古今中外艺术史上，很多艺术家的杰出成就也是从模仿开始的。

贝多芬的音乐创作对近代西洋音乐的发展有着深远影响，但是你知道他的不朽作品是怎样产生的吗？他是继承海顿、莫扎特

的传统，吸取法国大革命时期的音乐成果，集古典派的大成，从而再创出来的。特别是《第九交响曲》中的第四乐章《欢乐颂》的合唱，是模仿法国作曲家卡比尼创作的歌曲。贝多芬的模仿，既有思想模仿，又有音乐风格模仿，还有作曲技法模仿。毕加索是从模仿法国后期印象派画家塞尚等起步的；在郭沫若的书法中，可见柳公权字体的构架和颜真卿字体的风韵。又如京剧艺术中存在的各种流派唱腔，内行人只要一听便知道属于哪一派，这是因为京剧是模仿的艺术，虽然每个演员都有自己再创造的独特风格，却不能不留下师承的痕迹。

有的人之所以进步得比别人快，就在于他们善于模仿、善于思考。他们会从优秀者的身上发现最核心的优势，学习吸收，变成自己的优势，于是身边的人越优秀他们自身也越优秀。只不过，他们绝不会只是生搬硬套地模仿优秀人士的外部行为。

公认的大富翁卡耐基就是靠模仿洛克菲勒、摩根和其他金融巨子而取得成功。他留意那些人的一举一动，研究他们的信念，模仿他们的做法，才有了今天的成就。卡耐基的模仿实际上是智慧型的模仿或者说是思考型的模仿。这种模仿是建立在发挥自己的特性、肯定自我的基础上的。要想成为智慧型的模仿者，必须学会发散思维。发散思维是针对一个问题，沿着各种不同的方法去思考，从多方面提出解决方案，寻求各种各样的解决办法，以求得最佳答案。它重视问题所提供的信息与记忆中的各种信息的各种联系，从而产生新的信息。发散思维有助于避免考虑问题的单一性，帮助人们摆脱思维的僵化、刻板和呆滞，获得创造成果。

一个人是否成功还受到个人条件、努力程度和机遇等因素的影响，并不是模仿就一定可以成功。但至少成功模式是一种指引，让你有方向可循，这绝对比茫然无头绪不知如何下手要好过无数倍！

模仿是你需要走的第一步。有的人以为模仿只是幼年、童年或少年时代的事，到了成年就不再模仿了，甚至耻于模仿、反对模仿。这是因为他们还没有从本质上认识模仿的意义。不过，模仿得再好，关键还在于执行，你可以把他人的成功经验归纳一下：如何迈出第一步、第二步？如何积累实力？如何突破眼前困难，超越自己？如何经营各方面的人际关系。如何规划一生的事业？

如果你想成为一个大有作为的人，而又苦于找不到成功的方法，那么，你可以尝试着模仿你身边的成功者，说不定可以事半功倍，达到成功。

小信息里隐藏着大机会

善于抓住机遇的人，从来不会轻易放过每一个有效的信息和资源，他们能及时地发现并抓住它，于是便多了一次成功的机会。

面对扑面而来的信息大潮，有人无动于衷，有人不知所措，只有极少数胸怀大志的人，才会开动自己的感官，去接纳它，去占有它，去利用它，"凭借东风，直上青云"。对于善于把握机遇的人来说，信息就是机遇，就是效益，就是创意与金钱。

1865 年 4 月，美国的南北战争快接近尾声了。那时，市场上的物资很匮乏，猪肉的价格很贵。美国实业家亚默尔知道，这种情况只是暂时的，战争一旦结束，猪肉的价格很快就会降下来。所以他对战争的重视绝不亚于正在打仗的军人。他天天读报纸，听收音机，打探着最新的消息。

一天，他被一条新闻吸引住了，这条新闻说：

在南方军队高级将领罗伯特·李将军的营地附近，一个神父遇到了一群孩子。孩子们手里拿着钱，问神父什么地方可以买到面包和巧克力。

孩子们说："我们已经两天没有吃到面包了！"

神父问："你们的父亲呢？"

"我们的父亲都是李将军手下的军官，他们也是几天没有吃到面包了。他们给我们带回来的马肉太难吃了，嚼都嚼不动。"

在战争期间，有关人们缺穿少吃的新闻到处都是，对这条新闻，开始的时候，亚默尔也没太在意，可是随后他突然感觉到有什么不对。他立即意识到，这是一条非同小可的消息，这里面有很重要的关于南北战争的信息！

他是这样分析的：南军供给缺乏是大家都知道的消息，不足为奇，但是南军的大本营里发生这样的事情却是很重要的事情。俗话说，兵马未动，粮草先行，现在已经到宰杀战马的地步，不用说，形势已经十分危急。

他的结论是：战争马上就要结束了！

时机来了，必须马上行动。他马上与东部市场签订了一份以低于市场 2% 价格的卖出猪肉的合同，交货期限是 10 天以后。合同刚一签订，当地所有经销商都大骂亚默尔疯了，把猪肉的价格压得这么低！在这些人的眼里，亚默尔的行为是不可思议的。这样做，毫无疑问，是把大把的美元往别人的口袋里扔，只有疯子才会这样做。于是，很多人都想趁机大捞一把，纷纷找亚默尔订合同。亚默尔来者不拒，几天之内，又签订了一批合同。

亚默尔的这一赌注可算是押对了地方：就在合同签订的几天之后，战局和市场都发生了根本性的变化，猪肉的价格一下子降到比亚默尔卖出的猪肉的价格低 25%。那些经销商一时间目瞪口呆，后悔莫及。

就是这一笔交易，亚默尔就赚了 100 万美元！

他不无得意地说："我准时地抓住了那条消息所反映出来的信息。我的法宝有两个，一是信息，二是快捷。"

一条小小的信息有时候就蕴藏着无限商机。有的人及时地发现并抓住了它，有的人则熟视无睹。亚默尔的商机和灵感都来源于报纸上的一条新闻。每天阅读报纸上新闻的人何止千万，但是真正抓住了商机的却只有亚默尔。原因很简单，因为他是一个"有心人"，用发现的眼光在各个新闻之间寻找着有利于自己的新闻信息。他首先是博览，所以能知道南方的战况，然后再结合另一条消息的实际情况，从而挖掘了商机。能抓住有效的信息，就意味着为成功开辟了一片新的领域，而在那个领域中，你是唯一的开拓者。

要想成为一个善于抓住机遇的智者，就要留意观察周围的事物，哪怕是不起眼的小事情，也要仔细观察，深入思考。

（二）左右逢源：处理好的人际关系

永远只与成功者为伍

世界潜能大师博恩·崔西指出："不管在你的现实生活或是想象中，你习惯相处的那些人，会对你想成为理想人物的目标有极大的影响力。"你的目标应该是能够"与鹰共翱翔"，你的目标应该是要和成功者为伍。

一个人生活的环境，对他树立理想和取得成就有着重要的影响。周围的环境是愉快的还是不和谐的，身边的朋友是经常激励你还是经常打击你，都关系到你的前途。

贝尔 28 岁时曾经拜访著名物理学家约瑟夫·亨利，谈论"多路电报"试验，亨利对此不感兴趣。贝尔又提到他在实验中观察到的一个现象：把包着绝缘材料的铜线缠成螺旋状，有间隔地通电，就能听到线圈上的嚓嚓声。这时，亨利精神了，他敏锐地感到，这个年轻人在谈一个有价值的现象。他要亲眼看看贝尔做这个试验。那天，街上刮着刺骨的寒风，老亨利却打算到贝尔的住所去看他做试验。贝尔怕老人吃不消，便把仪器从住所搬到亨利家。

他们一起听到了电流通过铜线圈发出的声音，贝尔觉得，可以利用这一原理让电线传递人的声音，又说自己缺乏足够的电学知识，不知道该不该把这一设想公布于众，让电学专家来做进一步的研究。亨利鼓励他："如果你觉得自己缺乏电学知识，那就去掌握它。你有发明的天分，好好干吧！"后来，贝尔写信给父母，描述自己的感受："我简直无法向你们描述这两句话是怎样地鼓舞了我……要知道在当时，对大多数人来说通过电线传递声音无异于天方夜谭，根本不值得费时间去考虑。"几年后，贝尔又说："如果当初没有遇上约瑟夫·亨利，我也许发明不了电话。"

大多数人体内都蕴藏着巨大的潜能，它酣睡着，它一旦被外界的东西激发，就能做出惊人的事情来。可以激发一个人潜能的事情往往是微不足道的，也许是一句格言，也许是一次讲演，也许是一则故事，也许是一本书，也许是朋友的一句鼓励……

与成功者交往，能激发自己的成功欲望，有利于获得更大的成功。相反，处于一种平淡懈怠的环境中，人也容易失去斗志和冲劲。

在印第安人的学堂里刊登着许多印第安青年的毕业照片，他们的神情与刚刚离开家乡时迥然不同，显得气宇轩昂、才华横溢，看起来能做一番大事业。但是回到部落中后，大部分人又变成了原来的样子。这是因为他们失去了能够激励自己的环境，他们的潜能被埋没了。

在你的一生中，无论在何种情形下，你都要不惜一切代价进入能够激发自己潜能的氛围中，努力接近那些了解你、信任你、鼓励你的成功者，这对你日后的成功具有莫大的影响。

美国有一位名叫约瑟·华卡的农家少年，在杂志上读了某些大实业家的故事，很想知道得更详细些，并希望能得到他们对年轻人的忠告。

有一天，他跑到纽约，早上 7 点就到了威廉·亚斯达的事务所。

亚斯达开始的时候觉得这少年有点讨厌，然而一听少年问他："我很想知道，我怎样才能赚得百万美元？"他的表情便柔和并微笑起来。两人竟谈了一个钟头。随后亚斯达还告诉他该去访问的其他实业界的名人。

华卡照着亚斯达的指示，遍访了一流的商人、总编辑及银行家。

华卡得到了成功者的知遇，这给了他自信。他开始仿效他们成功的做法。

又过了 2 年，这个 20 岁的青年成为他学徒的那家工厂的所有者。24 岁时，他是一家农业机械厂的总经理，又过了 5 年，他就如愿以偿地拥有百万美元的财富了。这个来自乡村粗陋木屋的少年，终于成为银行董事会的一员。

华卡在活跃于实业界的 67 年中，实践着他年轻时来纽约学到的基本信条，即多与成功者为伍。有的人之所以成功步伐很慢，是因为不善于和成功者交际。

萨加烈曾经说过："如果要求我说一些对青年有益的话，那么，我就要求你时常与比你优秀的人一起行动。就学问而言，就人生而言，这是最有益的。学习正当地尊敬他人，这是人生最大的乐趣。"

怀特是美国印第安纳州小乡镇上的铁道电信事务所的新雇员，16 岁时他便决心出人头地。27 岁时他当了管理所所长。后来，先到西部合同电信公司，接着成为俄亥俄州铁路局局长。

当他的儿子上学读书时，他给儿子的忠告是："在学校要和一流人物结交，有能力的人不管做什么都会成功……"

你也许会觉得这句话太庸俗。但是，把有能力的人作为自己的榜样并不可耻。朋友与书籍一样，好的朋友不仅是良友，也是我们的老师。

不少人总是乐于与比自己差的人交际，借此在与友人交际时能产生优越感。可是从不如自己的人身上，显然是学不到什么的。而结交比自己优秀的朋友，能促使我们更加成熟。我们可以从劣于我们的朋友中得到慰藉，但也必须获得优秀的朋友给我们以刺激，以助长勇气。

成功者总是与成功者交友，失败者也总是与失败者为伍，不幸的人吸引不幸的人，而散漫者的圈子里也都是散漫之人。和积极的人在一起会让你更积极，和消极的人在一起会让你更消极。一个都是优秀出色的成功者的朋友圈子，将会使你也变得成功。

做一个善于倾听的人

名记者马可逊访问过不少叱咤风云的成名人物，他曾经说过："有些人不能给人留下好印象，是由于不注意倾听别人的谈话。这些人关心的是自己下面要说的是什么，可是他们从不打开耳朵。"马可逊又说："有若干成名人物曾这样跟我说，他们所喜欢的，不是善于谈话的人，而是那些静静听着的人。能养成善于静听能力的人，似乎要比任何好性格的人少见。"

维克托曾经经历过这样一件事，他在得克萨斯州的一家百货

公司买了一套衣服，这套衣服穿起来使人太失望了，上衣会褪色，且把衬衫领子弄黑了。他把这套衣服拿回那家百货公司，找到那个当时跟他交易的店员，想要把经过情形告诉那店员，可是他办不到。想要说的话，都给那个似乎有点"口才"的店员中途截断了。

那店员反驳说："这种衣服，我们卖出去已经有几千套了，这是第一次有人来挑剔。"

这是那店员所说的话，而且声音大得出奇。他话中的含义就像是："你在说谎，你以为我们是可以欺侮的吗？哼，我就给你点颜色看！"

正在争论激烈之时，另外一个店员插嘴，说："所有黑色的衣服，起初都会褪一点颜色的，那是无法避免的……那种价钱的衣服，都有这种情形，那是料子的原因！"

这时，维克托满肚子的火都冒了起来。第一个店员，怀疑他的诚实，第二个店员，暗示他买的是次等货。维克托恼怒起来，正要责骂他们时，那家百货公司的负责人走了过来。

维克托后来谈至这件事情时说："这负责人似乎懂得他的职责，他使我的态度完全改变过来。他把一个恼怒的人变成了一个满意的顾客。"

"第一，他让我从头到尾说出整个经过，他则静静听着，没有插进一句话来。"

"第二，当我讲完那些话后，那两个店员又要开始与我争辩了。可是那负责人却站在我的观点跟他们辩论。他说，我衬衫领子很明显是这套衣服染污的。他坚决地表示，这种不能使客人满意的东西，是不应该卖出去的。"

"第三，他承认不知道这套衣服会这样差劲，而且坦率地对我说：'你认为我该如何处理这套衣服，你尽管吩咐，我完全可以依照你的意思办。'"

"数分钟前，我还想把这套讨厌的衣服退掉，可是现在我却这样回答说：'我可以接受你的建议。我只是想知道，这褪色的情形是不是暂时的，或者你们有什么办法，可以使这套衣服不再继续褪色。'"

那位负责人建议维克托把这套衣服带回去再穿一星期，看看情形如何，并说："如果到时仍然不满意的话，拿来换一套满意的。我们给你增加了麻烦，感到非常抱歉。"

维克托满意地离开那家百货公司。那套衣服经过一星期后，没有发现任何毛病，他对那家百货公司的信心也就恢复过来了。

最爱挑剔的人，最激烈的批评者，往往会在一个怀有忍耐、同情的静听者面前软化下来。这位静听者，必须有过人的沉着，他必须在寻衅者像毒蛇一样张开嘴巴的时候仍然能耐心静听。

一天早晨，有一位愤怒的顾客闯进第脱茂毛呢公司创办人第脱茂的办公室里。

这位愤怒的顾客欠了第脱茂公司 30 美元，但却不肯承认。第脱茂公司信用部坚持要他付款。他接到信用部几封信后，立即来芝加哥，匆忙地走进第脱茂的办公室，告诉第脱茂说，他不但不付那笔钱，而且第脱茂公司以后别想再做他一块钱的生意。

第脱茂是怎样处理这件棘手的事情呢？他后来回忆说："我耐着性子，静静地听他说话，有好几次，我忍不住气，几乎要跟

他反驳争论，中止他所讲的那些话，可是我知道那不是最好的办法。我尽量让他发泄。最后，他这股气焰似乎已慢慢平息下去了，我安静地说：'我感激你特地来芝加哥告诉我这件事。事实上，你已替我做了一桩极有意义的事。如果我们公司信用部得罪了你，相信他们也会得罪别人，那情形就不堪设想了。请你相信我，我迫切地需要你来告诉我你刚才听说的那种情形。'"

"他没有想到我会讲出那些话来。可能他会感到有点失望，他来芝加哥是跟我交涉的，可是我却感谢他，并不跟他争论。我心平气和地告诉他，我们会取消账目中那笔 30 美元的账款，同时把这件事忘掉。我向他表示，他是个细心的人，需要处理的只是一份账目，可是我们公司的职员，却要处理成千上万份账目，所以有可能弄错。"

"我告诉他，我很了解他的处境，如果我遭遇到与他同样的问题，也会有他这样的想法。由于他不再买我们公司的货物，我十分诚意地推荐了其他几家毛呢公司给他。"

"过去他来芝加哥时，我们经常一起吃午餐，所以那天我也请他吃饭，他勉强答应了。午餐后我们回到办公室，他订了比过去都要多的货物，然后怀着平静的心情回家去了。这位顾客似乎由于我对他的接待和处理，回去仔细地查看了他的账单，终于找出那份账单，原来他自己放错了地方。于是他把那笔 30 美元的账款寄来，还附了一封道歉信。"

这位愤怒的顾客后来成为第脱茂公司的忠实主顾，也成了第脱茂很好的朋友。

学会倾听别人的意见，你会有意想不到的收获。相反，如果你只是一味地表达自己的意见，会让人对你的谈话不感兴趣。

如果你不仔细听人家讲话，而是不断地谈论你自己，别人便会不愿意跟你谈话，远远地躲开你。如果别人正谈着一件重要的事情时，你发现你有自己的见解，不等对方把话说完，马上就提出来。在你想来，他绝对不会比你聪明，为什么要你花那么多时间去听那些没有见解的话？这种人是令人憎厌而出了名的。他们被自己的自私心和自重感所麻醉，而为一般人所憎厌。

如果你要成为一个谈笑风生、受人欢迎的人，你需要静听别人的谈话。要使别人对你感兴趣，先要对别人感兴趣，问别人所喜欢回答的问题，鼓励他谈谈他自己和他的成就。跟你说话的人，对他自己来讲，他的需要、他的问题，比你的问题要重要上百倍。所以，你如果要别人喜欢你，你就要做一个善于倾听的人，鼓励别人多谈谈他们自己。

乐于采纳他人的建议

最能体现谦虚品质的时刻是面对他人建议的时刻。当别人给你提出建议时，不管是正确的还是不正确的，都不要冲动地反击，要谦虚地面对。

欧阳修在滁州当太守时，经常去琅琊山游玩，与琅琊寺的住持和尚智仙谈诗论文，成了至交。智仙在山道旁盖了一座亭子，请欧阳修前去参加落成典礼，欧阳修将该亭命名为"醉翁亭"并写了一篇《醉翁亭记》。

晚上欧阳修回到府衙后，亲自将写好的文章抄写了六份，招

呼两个衙役说："把我这篇文章分别贴到各个城门口去，一个城门贴一份。"

两个衙役接过文章一看，总共是六份，便问："滁州只有四个城门，还剩两份贴到哪里去？"

"不是还有小东门和小西门吗？"欧阳修笑着说。

"小城门平时是不开的。"衙役说。

"那今天就把它们打开好了，让更多的人看到它。"

两个衙役似乎没有领会太守的意思，又问道："大人写的文章，为什么要贴到城门口去？"

"让过路人帮我改文章呀！"欧阳修说，"人常说，一人才学浅，众人才学高。大家一定会把我的文章改得更好的，你们快快去贴吧！"

随后，欧阳修又派出六班锣鼓手，分别到各城门口，一边高喊："滁州太守欧阳修昨日写了篇《醉翁亭记》，现张贴在此，敬请黎民百姓、过往商贾、文武官吏都来修改……"

这样，整个滁州城一下子热闹起来，城里城外的人们都分别赶往六处城门去看太守的文章，边看边议论。有的说："这篇文章写得真好，文辞优美，意境又好，真是篇不可多得的文章呀！"

有人说："太守写的文章，还要让老百姓帮他修改，真是古今少有的新鲜事！"

欧阳修不停地派人去看有没有人出面修改文章。一直等到傍晚时分，一个打锣的公差领来一位老人走进府衙。公差高声禀道："太守大人，琅琊山李氏老人前来帮您修改文章。"

欧阳修赶紧迎了出去，只见那老人头扎粗纱黄巾，脚穿布袜草鞋，肩上扛了一根挂着绳子的扁担，右手拿着一把斧子，看他那身装束，就知道是个砍柴的樵夫。欧阳修问道："请问老人家，您今年多大岁数了？"

"不敢，不敢，小人今年59岁了。"老人忙不迭地说。

"这么说来，您是兄长，请上坐。"欧阳修让老人坐在太师椅上，然后毕恭毕敬地说："烦请兄长指教，这篇文章何处需要修改？"

老人说："大人，不瞒您说，您的文章我听人读了，句句讲的是实情，就是开头太啰唆了！"

欧阳修听罢，便从头背诵起自己的文章来："滁州四面皆山也，东有乌龙山，西有大丰山，南有花山，北有白米山，其西南诸峰，林壑尤美……"

刚背到这里，老人挥手打断了他，说："大人，毛病就在这里。"

欧阳修说："您的意思是不必点出这些山的名字？"

老人笑了笑说："正是，大人。不知太守上过琅琊山的南天门没有？站在南天门上，什么乌龙山、大丰山、花山、白米山，一转身子就全都看到了，四周都是山！"

欧阳修听了，连声说道："言之有理！滁州四面皆山。"

欧阳修沉思片刻，拿出文稿，把开头改成"环滁皆山也，其西南诸峰……"然后一句句地读给老人听。

老人满意地点点头说："改得好，这回一点也不啰唆了！"

一个人一定要抱着虚怀若谷的胸襟，因为只有谦虚才能容纳

真正的学问和真理。

　　建议表现得很直接的时候，有时就变成了批评。很多人对建议还能勉强接受，对批评却相当反感，但是，中肯的批评比虚假的奉承更有益。正如法国作家拉劳士福古所说："敌人对我们的看法比我们自己的观点可能更接近事实。"只有心胸宽广的人才有接受他人批评的勇气。

　　林肯曾经为了取悦一些自私自利的政客，签署了一次调动兵团的命令。军务部长爱德华·史丹顿不但拒绝执行林肯的命令，而且还指责林肯签署这项命令是愚不可及的。有人告诉林肯这件事，林肯平静地回答："史丹顿如果骂我愚蠢，我多半是真的笨，因为他几乎总是对的。我会亲自去跟他谈一谈。"

　　林肯真的去看史丹顿。史丹顿指出他这项命令是错误的，林肯就此收回成命。

　　有些人极不情愿接受批评，一旦遇到这种情况，就会气不打一处来。因此，能否接受批评成为许多人成功的障碍。皮鲁克斯说，每个人一天起码有五分钟不够聪明，智慧似乎也有无力感。一般人常因他人的批评而恼怒，有智慧的人却想办法从中学习。与其等待对手来攻击我们或我们所做的工作，倒不如自己主动接受批评。

聪明地化解与他人的矛盾

　　人与人相处，难免会磕磕碰碰，产生这样那样的不愉快。当遇到这样的情况时，如果双方互不相让，你说他的不是，他指责你的过错，针尖对麦芒，那无疑是火上浇油，肯定会使矛盾越来越激化，使人际关系出现裂痕，使正常的工作和生活受到影响。其实，只要矛盾的双方有一方冷静下来，采取适当的方式来面对眼前的问题，那么结果就可能完全不同了，很可能大事化小，小事化了，一切不快都烟消云散。

1754 年，美国独立以前，弗吉尼亚殖民地的议会选举在亚历山大里亚举行，后来成为美国总统的乔治·华盛顿上校，作为那里的驻军长官也参加了选举活动。

选举后期，主要是两个候选人在竞选。大多数人都支持华盛顿推举的候选人，但有一名叫威廉·宾的人则坚决反对。为此，他同华盛顿发生了激烈的争吵。争吵中，华盛顿失言，说了一句冒犯对方的话，这无异于火上浇油。脾气暴躁的威廉·宾怒不可遏，重重的一拳把华盛顿打倒在地。

华盛顿身边的朋友围了上来，摩拳擦掌，群情激愤，要揍威廉·宾。驻守在亚历山大里亚的华盛顿部下听说自己的司令官被辱，马上荷枪实弹跑过来助战，气氛十分紧张。

在这种一触即发的情况下，只要华盛顿一声令下，威廉·宾就会被痛打一顿。然而，华盛顿克制了自己，使自己的头脑冷静下来。他用命令的口吻平静而坚定地说："这不关你们的事！"就这样，事态才没有扩大。

第二天，威廉·宾收到了华盛顿派人送来的一张便条，要他立即到当地的一家小酒店去。威廉·宾马上意识到，这一定是华盛顿约他决斗。于是，富有骑士精神的威廉·宾毫不畏惧地拿了一把手枪，只身前往。

一路上，威廉·宾都在琢磨如何才能打倒身为上校的华盛顿。但当他到达那家小酒店时，却大出意料：他见到了华盛顿一张真诚的笑脸和一桌丰盛的酒菜。

"威廉·宾先生，"华盛顿热诚地说，"犯错误乃是人所难免的事，纠正错误则是件光荣的事。我相信，我昨天是不对的，你在某种程度上也得到了满足。如果你认为到此可以和解的话，那么请握住我的手，让我们交个朋友吧！"

威廉·宾被华盛顿的行为感动了，忙把手伸给华盛顿："华盛顿先生，也请你原谅我昨天的鲁莽和无礼。"

从此以后，威廉·宾成为华盛顿忠实的朋友和坚定的拥护者。

当华盛顿被打倒在地时，是很容易失去理智，做出一些可能是悔恨终身的蠢事。难能可贵的是，华盛顿在盛怒之下能恢复冷静，在绝对优势之下能不以强凌弱，反而能以退让、宽容和友善来解决问题，化干戈为玉帛，化对手为兄弟。

善于化敌为友，无疑是高明中最高明的。没有化敌为友的胸怀，就不能成就大业，更不能治理整个国家。

要想在人际交往中如鱼如水，就必须学会如何化解与他人的矛盾。对于闹了别扭的朋友，甚至是"心腹之患"的怨敌，如果你想和解，重建友情，应该发现并抓住时机，向对方表示关怀体贴，给予帮助，促成和解，从而加深或重建友情。

《红楼梦》中的薛宝钗能说会道博得老祖宗的欢心，善于见风使舵使得王夫人对她刮目相看，人们尽可有各自不同的评价，但她在处理与林黛玉的关系上所表现的交际术，确实是相当得体和高明的。

黛玉、宝玉和宝钗构成了一种微妙的"三角"关系。对于宝钗与宝玉的亲近，孤傲清高的黛玉自然心酸嫉妒，把宝钗视为"情敌""心腹之患"，因而每有机会，黛玉总要对宝钗贬损一番。然而宝钗总是采用恰当而巧妙的办法予以化解，对于黛玉无关紧要的敌意，不予理睬；对于某种有辱人格的讽刺挖苦，予以适当的回敬；一旦发现了转机便紧紧抓住，努力争取和解。

有一次，贾母等人猜拳行令随意玩乐，黛玉无意中说出了几句《西厢记》和《牡丹亭》中的艳词。这类剧本在当时是禁书，黛玉这样的名门闺秀怎么能读禁书，说艳词？这会被人指责为大逆不道。好在许多读书很多的人没有听出来，但此事瞒得过别人却瞒不过宝钗，然而宝钗却没有感情用事，图一时痛快，借此机会让黛玉难堪。她不宣之于众，因为她很敏锐地发觉这是她与黛玉化干戈为玉帛的契机。这不能不说是宝钗的高明之处。

事后，到了背地里宝钗便叫住黛玉，冷笑道："好个千金小姐，好个尚未出阁的女孩儿！满嘴说的是什么？"她先给黛玉来个下马威，让对方感到问题的严重。黛玉只好求饶说："好姐姐，你别说与别人，我以后再也不说了。"宝钗见她满脸羞红，不再往下追问。这种适可、宽容的态度又让黛玉觉得感激。宝钗还设身处地、循循善诱地开导黛玉在这些地方要谨慎一些才好，以免授人以柄，因为她是出自真心实意地关心，"一席话说得黛玉垂下头来吃茶，心中暗服，只有答应一个'是'了"。

此事之后，宝钗守口如瓶没有向任何人透露一点黛玉失言之事。她果真信守诺言，使黛玉改变了对她的成见。黛玉诚恳地对

她说："你素日待人固然是极好的，然而我又是个多心的，竟没有一个人像你前日的话那样教导我……比如你说了那个，我断不会放过的，你竟毫不介意，反劝我那些话，若不是前日看出来，今日这些话，再不对你说的。"至此，宝钗和黛玉可达成和解。

在生活中，由于种种原因，遭遇别人的敌意也是常有的事。遇到这种情况，怨天尤人或者听之任之都不是明智之举，只有化被动为主动，从容应对，巧妙化解，才能清除这一人际关系中的不和谐音符，使我们重新回到健康、平坦的生活轨道上来。

（三）瞄准方向：经营自己一生的强项

认真对待每一件事情

如果有什么事情值得去做，就要把它做好。认真地对待你要做的每一件事情，你就能获得成功。

沃尔特·克朗凯特是美国著名的电视新闻节目主持人，他从孩提时代就开始对新闻感兴趣，并在 14 岁的时候，成为学校自办报纸《校园新闻》的小记者。

休斯敦市一家日报社的新闻编辑弗雷德·伯尼先生，每周都会到克朗凯特所在的学校讲授一个小时的新闻课程，并指导《校园新闻》报的编辑工作。有一次，克朗凯特负责采写一篇关于学校田径教练卡普·哈丁的文章。由于当天有一个同学聚会，于是克朗凯特敷衍了事地写了篇稿子交上去。第二天，弗雷德把克朗凯特单独叫到办公室，指着那篇文章说："克朗凯特，这篇文章很糟糕，你没有问他该问的问题，也没有对他做全面的报道，你甚至没有搞清楚他是干什么的。"接着，他又说了一句令克朗凯特终生难忘的话，"克朗凯特，你要记住一点，如果有什么事情值得去做，就得把它做好。"

在此后 70 多年的新闻职业生涯中，克朗凯特始终牢记着弗雷德先生的训导，对新闻事业忠贞不渝。

刚进入职场的年轻人，很少马上就被委以重任，往往是做些琐碎的工作，但是不要小看它们，更不要敷衍了事，因为人们是通过你的工作来评价你的。如果连小事都做得潦草，别人还怎么敢把大事交给你呢？

弗格斯是一位职业演讲家，他曾经有一位优秀的邮差（卡尔）给他提供最好的服务。在全国各地举行的演讲与座谈会上，他都会拿出这位邮差的故事和听众一起分享。

似乎每一个人，不论他从事的是服务业还是制造业，不论在高科技产业还是在医疗行业，都喜欢听卡尔的故事。听众对卡尔着了迷，同时也受到他的激励和启发。

"我的名字是卡尔，是这里的邮差，我顺道来看看，向您表示欢迎，介绍一下我自己，同时也希望能对您有所了解，比如您所从事的行业。"卡尔中等身材相貌普通。尽管外貌没有任何出奇之处，但他的真诚和热情通过自我介绍溢于言表。

弗格斯在此之前从来没见到邮差做这样的自我介绍，这使他心中顿觉温暖。

当卡尔得知弗格斯是个职业演说家的时候，卡尔希望最好能

知道弗格斯先生的日程表，以便弗格斯不在家的时候可以把信件暂时代为保管。

弗格斯先生表示没必要这么麻烦，只要把信放进房前的邮箱里就好。但卡尔提醒道："窃贼会经常窥探住户的邮箱，如果他们发现邮箱是满的，就表明主人不在家，他们很可能为所欲为了。"所以卡尔建议只要邮箱的盖子还能盖，他就把信放到里面，别人不会看出弗格斯不在家。塞不进邮箱的邮件，他就把信件搁在房门和屏栅门之间，从外面看不见。如果房门和屏栅门之间也放满了，他就把剩下的信留着，等弗格斯回来。

弗格斯在多次演讲中提起卡尔的故事后，有一个灰心丧气、一直得不到老板赏识的员工写信给弗格斯。信中表示卡尔的榜样鼓励了她认真对待工作中的每一件事情，而不计较是否能得到承认和回报。

在一次演讲之后，一位听讲的经理把弗格斯拉到一边，对他说他现在才认识到，原来一直以来自己的理想就是做一个卡尔。他相信，在任何一个行业和领域里，每个人的奋斗目标都应该是杰出和优秀的。

卡尔和他工作的方式，对于21世纪任何想有所成就、脱颖而出的人来说，都是一个最好的榜样。

每一个员工都应该学会认真对待工作中的每一件事情，哪怕是一件小事，也把它做到极致。正如马丁·路德·金所说："如果一个人是清洁工，那么他就应该像米开朗琪罗绘画、贝多芬谱曲、莎士比亚写诗那样，以同样的心情来清扫街道。他的工作如此出色，以至于天空和大地的居民都会对他注目赞美：瞧，这儿有一位伟大的清洁工，他的活儿干得真是无与伦比！"能这样去做的员工，就是一个优秀的员工，他就是自己工作中的成功者。

大胆展示自己的优势

判断一个人是不是成功，最主要的是看他是否最大限度地发挥了自己的优势。学者通过研究发现，人类有 400 多种优势。这些优势本身的数量并不重要，最重要的是你应该知道自己的优势是什么，之后要做的则是将你的生活、工作和事业发展都建立在你的优势之上，这样你就会成功。

美国著名的人才调查中心的研究表明，成功人士大都具有"推销"自我的意识。谁在自我推销这一点上占有优势，谁就具备生存的优势。

有人虽然学富五车，却没有胆量去推销自己，还振振有词地说什么是"金子"迟早会发光的。这不过是自欺欺人罢了！金子被埋没在泥土中，也许度过一万年暗淡的时光后，还能够被人发现而大放光芒；人生匆匆，比不了金子长久，但生命却比金子昂贵；因此你同金子比不起，你没有时间等待别人来挖掘你，只有自己努力从"泥土"中跳出来，表现自我，才能照亮自己的人生之路。

青年歌手那英的成功，与她抓住机会大胆推销自己有着直接关系。在演出现场，一名准备上台的歌手因故临时不能上场，"救场如救火"，在主办方焦急无奈时，那英同队长说："这首歌我也能唱，让我上场吧！"队长没有更好的办法，只好同意。

那英也由此一炮打响。

张艺谋报考北京电影学院时已经 27 岁了，而学校规定招生的最高年龄是 22 岁，制度无情，年龄一项把张艺谋阻拦在门外，他多方奔走，终无结果。

他失望了，但没有绝望，他要创造自己的命运。当时国内时兴"读者来信"，提倡"伯乐精神"，强调各级领导重视和认真对待来自基层的各种意见和要求。他从一位朋友那里得到建议，给当时的文化部部长黄镇写了一封言辞恳切的信，还附了几张能代表自己摄影水平的作品。

黄镇看到信后认为张艺谋人才难得，遂写信给电影学院，并派秘书前往协调，终于使电影学院破格录取了张艺谋。

那英抓住机会自荐，张艺谋情急之下的一封信，使他们的命运走入了另一个轨道。没有什么比自己埋没自己更可悲的了，当你抱怨自己不能被伯乐发现，关在屋子里生闷气总不会有任何好处，积极地寻求出路，适时表现自己才是你应该做的。

推销自己是一种才华，一种艺术。推销并不仅限于我们对商品的推销，在生活中，我们每天都面临着推销自己的长处。

在威尼斯，有一天，许多达官显贵应邀参加大富翁范尼举行的一个宴会。即将开宴会时，负责桌面装饰的糖果师把东西搞砸了。管家正急得无计可施，这时，一个小男孩儿站出来说："让我来试试吧。"

管家很好奇问："你是谁？"

小男孩儿回答："我叫卡尔瓦，是范尼先生雇的勤杂工。"

管家问："你能做些什么？"

"我可以做个狮子装饰桌子。"

管家一时也没有别的办法，只好让卡尔瓦试试。卡尔瓦要了些黄油，很快做成一只栩栩如生的狮子，把它摆在了桌子当中。

晚宴开始了，许多社会名流、王胄、贵族进了宴会厅，看到那只黄油制成的狮子时，无不对这件天才作品惊叹不已，纷纷询问范尼是哪一位大师雕刻的。范尼也说不清楚，就去问管家，管家就把卡尔瓦带到了大家面前。人们得知这只狮子是这个男孩儿用很短的时间雕出来的以后，宴会就变成了为他举办的盛宴。范尼当众宣布自己出费让卡尔瓦跟当时最好的雕塑大师学习。卡尔瓦有了这次提高自己的机会，便潜心跟雕塑大师学艺，最后，终于成为一位杰出的雕塑家。

当你学会了推销自己，你几乎也就可以推销其他任何值得拥有的东西。在工作中，我们需要向领导推销自己的能力，展示自己的才华，只有成功地把自己展示给领导，让领导发现你的能力，才会有机会被提拔、重用。不要总以为是金子就会发光的，要知道，深埋泥沙中的一块黄金尽管价值连城，也会因"永远"沉默而失去它存在的意义。

立即行动，绝不拖延

成功者从来不拖延，也不会等到"有朝一日"再去行动，而是今天就动手去干。他们忙忙碌碌尽其所能干了一天之后，第二天又接着去干，不断地努力、失败，直至成功。

有一次，沃尔特·皮特金在好莱坞时，一位年轻的支持者向

他提出了一项大胆的建设性方案。在场的人全被吸引住了，它显然值得考虑，不过他们可以从容考虑，然后讨论，最后再决定如何去做。但是，当其他人正在琢磨这个方案时，皮特金马上把手伸向电话并立即开始向华尔街拍电报，电文陈述了这个方案。当然，拍这么长的电报所费不菲，但它转达了皮特金的信念。

出乎意料的是，一千万美元的电影投资立刻就因为这个电文而拍板签约了。假如他们拖延行动，这项方案极可能就在他们小心翼翼地漫谈中自动流产——至少会失去它最初的光辉。然而皮特金立刻付诸行动了。

很多人羡慕他办事如此简明，事实是，他之所以办事简明，就是因为他在长期训练中养成了"马上行动"的习惯。

很多时候，你若立即进入工作的主题，将会惊讶地发现，耗费在"万事俱备"上的时间和立即全力处理手中的工作的用时相比，后者往往绰绰有余。而且，许多事情你若立即动手去做，就会感到快乐、有趣，成功概率加大。

如果我们认准了一项工作，那么我们就要立即行动，因为世界上有93%的人都因拖延懒惰而一事无成。对有些人来说时间是金钱，对有些人来说时间是废品，一百次的胡思乱想抵不上一次的行动。聪明人雷厉风行，糊涂蛋拖拖拉拉，一个人应该尽早去做，否则你就会迫于形势而去做某事。聪明人当即就会断定什么该早点干，什么该晚些做，并且干得很开心。立即行动，这种态度还会消减准备工作中一些看似可怕的困难与阻碍，引领你更快地抵达成功的彼岸。

一天，8岁的莎莉外出玩耍，发现了一只嗷嗷待哺的小麻雀。

她决定带它回家喂养。走到家门口，她忽然想起未经妈妈允许，便把小麻雀放在门后，进屋请求妈妈。在她的苦苦哀求下，妈妈答应了。但是，当莎莉兴奋地跑到门后，小麻雀已不见了，看到的是一只意犹未尽的黑猫。

你也许经常说这样的话："我要等等看，情况会好转的。"对于有些人来讲，这似乎已经成为他们习以为常的一种生活方式。他们总是明日复明日，因而总是碌碌无为。成功者却坚持："我们要明白一点：拖延、迟缓无异于死亡。"

"整个事件成功的秘诀在于，"阿莫斯·劳伦斯说过，"我们形成了立即行动的好习惯，因此才会站在时代潮流的前列；而另一些人的习惯是一直拖沓，直到时代超越了他们，结果他们就被甩到后面去了。"

成功总是青睐意志坚定、精力充沛、行动迅速的人。这种人不但善于做出决定，而且善于执行决定。当面对问题的时候，他会全面考虑自己所面对的情况，果断地做出选择，然后把它们搁置脑后，转向其他的事情。这样的人有超常的管理能力。他不仅制定工作计划，还能够执行工作计划。他不但做出决定，而且还能够将决定贯彻到底。如果你瞻前顾后，如果你习惯于犹豫不决而不知道自己真正需要什么，那么你将永远不可能成功。

赶快行动吧！不要拖延，也不要恐惧什么。拖延，是恐惧的产物，致富的克星。现在，要感谢这个从勇敢的心胸里挖掘出来的秘诀。现在我们知道，要想克服恐惧，就必须时常毫不犹豫地起来行动，心里的烦躁才会一扫而尽。行动会使恐怖心理减缓，

遇到情况时不慌不忙。

立即行动！可以应用在人生每一个阶段的各个方面，帮助你做自己应该做却不想做的事情，对不愉快的工作不再拖延，抓住稍纵即逝的宝贵时机，实现梦想。

把缺陷变成优势

"金无足赤，人无完人"。所以，有缺陷并不可怕。因为缺陷你有我有大家有，每个人都有缺陷，但可怕的却是一个人不能正视自己的缺陷或者无视自己的缺陷。分析自己的缺陷，从自己的缺陷中找出闪光点，把自己的缺陷变成优势。

你也许觉得这根本就不可能。其实这看似不可能中就有可能蕴藏着巨大成功的可能。

美国前总统里根在竞选加州州长时，他的竞争对手是多年来一直连任加州州长的资深政治家布朗。很多人按竞选的标准条件来衡量里根，认为他不过只是一个二流演员，没有丝毫的政治工作经验，要想在竞选中获胜，真是天方夜谭。而在布朗眼中，里根也只不过是一个政治上十分稚嫩的婴儿。布朗抓住里根毫无政治经验的事实大肆攻击里根。为此，里根并不掩饰自己的缺陷，经过认真的分析，里根干脆顺水推舟，扮演了一个纯朴无华、诚实热情的"平民政治家"的角色，把自己没有政治经验的缺陷暴露在加州的民众面前。这样一来，加州民众反倒觉得里根更为可爱，诚实可信。最后，里根获得了竞选的胜利。

帮助里根竞选获胜的正是里根的缺陷，没有政治资本就是里根最大的政治资本。可见，正确地利用缺陷，缺陷不但不会是毫无用处的垃圾，反而成为人生制胜的优势。

里查生作为"巴尔的摩"足球队的一员，许多年轻人认为他有了一份极富魅力的工作，但里查生得用他每年9750美元的薪水抚养两个孩子再加一个又怀孕的妻子。他要求一年给他涨250美元薪水，但遭到了拒绝。

里查生带着全家回到了南卡罗来纳州的老家，他那时候只想为自己经商，却没有更明确的具体打算。当一个在大学的老朋友邀请他一起买下一个汉堡包食品店时，他果断行动，合伙买下了那个店。于是里查生就开始了每天12小时翻烤汉堡包和伺候那些不耐烦的顾客的工作，此外每天开始营业前他还要擦炉灶、拖地板，真是好辛苦，但一个月下来，里查生只带回家417美元。他是既疲劳又沮丧，但他不愿就此放弃。他用在球场学到的策略，致力于使他的食品店提高效率，他既要他的伙计表现得热情友好，又使他的食品价格合理，让人买得起。就这样，经营日益兴旺起来。里查生和他的合伙人买下了更多的经营特许店，而他自己还是那么卖力地工作。

后来，里查生成了美国最大食品供应公司的首脑，这家公司每年有37亿美元的销售额。当年为250美元离开了国家足球联盟的里查生还当了一个投资集团的首脑。对于这一切，里查生说："我如果不是刻苦工作并且敢于冒险，是不可能达到现在这个地步的。"在接受采访时，里查生还对电台记者讲了一个给过他激励的故事。故事是关于军官弗朗克的：

弗朗克在他那枯燥乏味的病房内盯着一棵圣诞树发呆。手榴

弹的散碎片进入了他的左小腿，为此，医生定下了把腿切除的日程。

弗朗克毕业于西点军校，他在那里是个棒球队队长，而且计划着以军事为终生职业。可现在看来，退役似乎成了唯一的选择。他知道严重受伤的军人是很少能回去担负有行动的职务的。

手术后，弗朗克最感忧伤的是他完全失去了在棒球场上的勇猛劲头。在每周一次的棒球赛中，他只能用棒击球，而由别人替他跑垒。有一天，当他正等着击球时，他看见一个队友连摔带滑地去占领了第三垒。当时他想：如果我也去试试跑垒，最多也就像他那样嘛！于是，在他将球击出后，推开了替他跑垒的伙伴，自己忍住疼痛，一瘸一拐地跑了起来，当跑到第一和第二垒之间时，他看到对方球员已接到了球并准备向守第二垒的人扔过来，他闭上眼睛，命令自己头朝前地滑入了第三垒。当他听到裁判员喊出"安全"的口令时，他胜利地微笑了。

几年以后，弗朗克要带领一个中队去一处地形复杂的地方演习。他的上级担心他由于切除了一条小腿，不能胜任这项工作，而弗朗克告诉他们说可以，并且说："这甚至可使我与士兵更亲近。如果我的假肢陷在烂泥里了，我会告诉他们，这是由于我没有两条完整的腿。"

后来，弗朗克成了个四星级将官了，而且既可以跑步，还能稳稳地骑自行车。他说："失去一条腿，教会了我一个道理，那就是一个人受自己缺陷的限制是可大可小的，取决于你自己如何看待和处理它。关键是应该注意发挥你所具有的长处，而不是老想着你的缺陷。"

要改掉自己的缺陷，就不要把自己的缺陷当成自己的精神负担，反而要用一种积极、奋发、乐观、进取的心态，激发自己的意志，即把缺陷当成催促自己具有奋发精神的催力器。

美国前总统富兰克林·罗斯福在 8 岁时是一个脆弱的小男孩，脸上时常挂着惊恐的神情，老师让他背诵，他会吓得双腿发抖，嘴唇颤动不已，然后颓唐地坐下来。

罗斯福的缺陷对小孩子来说是非常难堪的，他常常因此而招致别人的嘲笑。罗斯福认为自己必须战胜缺陷。于是，他用坚强的意志咬紧自己的牙床，以克服嘴唇颤动不已的缺陷，并以此来克服恐惧。他强迫自己去打猎、骑马，在亚利桑那追赶牛群，在洛基山猎熊，在非洲打狮子。经过一系列锻炼，他终于成为一位强悍的男子汉，并且成为最成功的美国总统之一。

缺陷是一种常态下地对人的性格、能力、行为、阅历等的认识。在不同的状态下缺陷也是可以转化的，彼时是缺陷，而此时就不一定是缺陷。

有的成功者之所以能获得成功，就在于他们能把自己的缺陷变成优势，把那些在一般标准下的所谓欠缺或不完善变成获得成功的优势。缺陷并不是一件好事，但是认识到自己的缺陷并勇敢地去面对它，并以此作为自己努力的动力，缺陷就成为一项优势。

（四）发挥专长：是实现你价值的最佳方法

做自己最擅长的事

每个人都有很多能力，但总有一种能力是最擅长的。只有找准自己最擅长的事，才能最大限度地发挥自己的潜力，调动自己身上一切可以调动的积极因素，并把自己的优势发挥得淋漓尽致，从而获得成功。

乔·吉拉德1929年出生在美国一个贫民窟，他从懂事起就开始擦皮革，做报童，然后又做过洗碗工、送货员、电炉装配工和住宅建筑承包商等。但由于没有找到最适合做的事，他没有取得成功。朋友都弃他而去，他还欠了一身的外债，连妻子、孩子的吃喝都成了问题。为了养家糊口，他开始卖汽车，步入推销生涯。

乔·吉拉德以极大的专注和热情投入推销工作中，只要碰到人，他就把名片递过去，不管是在街上还是在商店里，他抓住一切机会推销他的产品，同时也推销他自己。三年以后，他成为全世界最伟大的销售员，谁能想到，这样一个不被看好，而且还背了一身债务、几乎走投无路的人，竟然能够在短短的三年内被吉尼斯世界纪录称为"世界上最伟大的推销员"。他至今还保持着销售昂贵产品的空前纪录——平均每天卖6辆汽车！他一直被欧美商界称为"能向任何人推销出任何商品"的传奇人物。

乔·吉拉德做过很多种工作，屡遭失败。最后他把自己定位在做一名销售员，终于获得了成功。成功的最直接、最实用的方法就是做自己最擅长的事，否则，你将在众多人的参考意见中无所适从，找不到自己的方向。

每个人都有自己最擅长的事、最喜欢的事。每天都有许多事可做，但有一条原则不能变，那就是无论你做的是什么，一定要做你最擅长的事。

李小明是一位机械师，他已经做了十多年的机械工作，可他一直不喜欢自己的工作，总是想转行，却迟迟下不了决心。已经做了十多年的机械工作，如果突然换一份其他工作，需要从头再来，会感到很不适应，尽管他不喜欢，但无法抛开累积十多年的机械专业知识。

他想改变，但又抛不开过去的包袱，自然无法突破。其实，既然知道自己再继续做下去也不会有兴趣，就应该果断地做出决定：转行！做自己喜欢的事情更容易激发自己的想象力和创造力，并获得成功。

人的能力是有限的。一个人不可能样样都行，要知道自己能干什么和不能干什么。能给自己准确定位的人才是真正的聪明人，才能取得成功。

刘思远是个穷书生，打工、做买卖都不是料，教孩子作文却是把好手。

20世纪90年代初，刘思远刚结婚，在一家亏损企业做厂报编辑，写得一手好文章。但他仍然很穷，从头到脚的穿戴不足百元钱。他是长子，自幼丧父，母亲又是残疾，可他自小就养成了一种乐观而自强不息的性格。那时候，妻子下岗了，正在读夜大的英语系。为了抚育年幼的弟弟、妹妹，他和妻子在马路边上卖

过拖鞋，卖过肉，还打过短工，但都不成功。后来，刘思远所在的单位也破产了。

正在刘思远为自己的前途迷惘的时候，一个邻居找到他，希望他能教一教他儿子的作文。刘思远应下了这个差事。不承曾想经过他的几次辅导，这孩子的作文水平提高很快，孩子的作文竟能在《作文报》上发表了。刘思远从孩子的口中了解到，社会上还有很多小学生不会写作文。刘思远眼前一亮：能不能发挥自己的特长，开办一个小学生作文班呢？

不久，他和妻子在当地申请了一个办学的营业执照。在充分研究了小学生的心理特点后，刘思远制定了他的教学计划。为了吸引更多的学员，作文班的第一堂课用公开课的教学方式——学生和家长免费听，满意了再报名。

公开课讲得生动活泼，学生和家长都被深深地吸引住了。公开课结束后，报名的学员一次竟达两百多名。初战告捷之后，刘思远选择了走动教学的方式。他每到一处，都在当地租用一个大的教室，每天都把课时安排得满满的。他把妻子也发动起来了，让她办起了英语班。

刘思远夫妻俩办学起步较早，尤其是刘思远的小学生作文班，很多小学生听过他的课后都有了明显的进步。他办学的声望，为他赢得了财富和机遇。1999 年，刘思远在当地注册了一所私立小学校。这家私立小学以作文和外语见长，深受学生和家长的欢迎。

回顾自己的人生历程，刘思远深有感触地说，无论是干事业还是求发展，每个人都要根据自己的特长和优势，不能人云亦云地看别人干什么自己也想干什么。只有做自己最擅长的事，才能获得成功。

要取得成就，就要顺应自己的优势，去做那些工作要求和你的优势相匹配的事情。每天都去做自己最擅长的事情，这样的工作才是最有效率的，你也才能从工作中得到最大的成果和乐趣。

一个人要充分地估测自己，给自己找准位置，充满信心，做自己能做的和应该做的事，才有可能成为自己所希望成为的那种人。很多杰出成功人士的经历说明：假如你不仅知道自己能干什么，而且知道自己不能干什么，能在充分发挥才能优势的基础上，在扬长避短的前提下，选择你的起点、着力点和努力方向，你就能少走弯路。

最大限度地运用自己的能力

每个人都有自己擅长的能力。你可能解不出那样多的数学难题，或记不住那样多的外文单词成语，但你在处理事务方面却有特殊的本领，能知人善任、排难解纷，有高超的组织能力；你的理化也许差一些，但有写小说、诗歌的能力；也许你分辨音律的能力不行，但有一双极其灵巧的手；也许你连一张桌子都画不像，但是有一副动人的歌喉；也许你不善于下棋，但是有过人的臂力。在认识到自己长处的这个前提下，如果你能扬长避短，认准目标，抓紧时间把一件工作或一门学问刻苦认真地做下去，久而久之，自然会结出丰硕的成果。

有个人曾给自己十分景仰的人写了一封信，赞美他的卓越成

就。这个人收到的回信说："不，我的朋友，你错了，我只不过是个普通人，没有过人的特殊能力。在大多数事情上，我仅仅略高于一般水平，有些方面我还不如一般人。这当然是受我的身体情况限制：我甚至曾无法正常走路，我也肯定不擅长游泳。要说有什么还可以的话，那就是我骑马的技术还不错，但也不是什么了不起的骑手。我的枪也打得不怎么好，原因是视力太差，必须离猎物很近才能瞄准目标。所以你看，从身体条件来说，我只不过是普通人。从文字水平来说，我也没有超凡的写作能力。我这辈子写的东西倒不少，可是我总是像奴隶一样苦干，才能写出点东西来。"

这个人就是西奥多·罗斯福。按照他对自己的评价，他没有杰出的才能——那他是如何以普通的能力获得杰出的成就的呢？为什么能力有限的人，却做出了有口皆碑的伟业？答案只有一个：他最大限度地运用了自己的能力。

如果我们自己也渴望充分利用自己的能力，那么就有必要来检验一下自己的能力。我们的抱负实际吗？是在实践可能性的范围之内吗？如果不是的话，我们应该明智地将热情导入其他的渠道，去探寻为我们敞开的其他机会。

充分认识自己的才能，是摆在每个追求成功的人面前的巨大问号。我们必须掌握可靠的认识自己才能的方法。

①坚信自己有无穷的潜能等待被开发，设想有一个个"新的自我"将被开发出来。心理学研究表明，人的潜能大约只开发了5%，还有绝大部分未被开发。每个人都拥有潜能，这是上天赐予人最大的恩惠。我们应当相信：只要认真坚持去做，一定能比

现在做得更好，因为我们肯定具有这方面的潜能。

②每个人都有各自的优点和缺点，我们需要认真对待的就是仔细地分析自己的优点，确定自己的长处。世界上不存在样样都能干的通才。因此，与其费尽心机地去改变自己的短处，不如尽力去发挥自己的长处。印度《五卷书》上说："最难的是自知，知道自己什么能做，什么不能做；谁要是有这样的自知之明，他就绝对不会陷入困境。"一旦我们能选准适合自己个性特点的工作或事业，我们将能乐在其中，成功对于我们来说会是一个快乐的过程。

③做自己能够做到的，起跳前先看看高度和自己的适应度。别人能做什么，做了什么并不重要，重要的是你究竟想做什么，现在能做什么。虽说人的潜能发展是无限的，但在一定时期以内，人的能力总是有限的，所以一定时段的奋斗目标应当是自己力所能及的。制订宏伟的计划很容易，激情有时也很容易澎湃，但是成就自己却需要实实在在的可操作计划，需要恒久的热情。人有时之所以自折其志，大多源于缺乏自知之明，缺乏正确地估测自己当时的能力。所以，在一定的时间、一定的地点，我们能做什么，应该自己心里有谱。

④问一问自己的个性、志趣、能力、爱好、人生取向等究竟是什么，以便形成一个比较客观、真实的"自我镜像"。这种自我镜像将会直接影响个人认识世界的态度或行为方式。个人对自我的评价很容易走极端，或自大，或自卑，难于中肯。客观的自我镜像是在与他人的交往和实践的检验中不断形成的。

⑤不要撇开自己的个性和能力特点，一味去攀比或羡慕别

人，你要成为你自己。别人是什么样的，那是别人的能力和机遇所致。很多时候，葡萄的确是酸的——因为我们吃不到——但我们可以转到别处去吃荔枝或苹果，这符合我们的个性和能力特点，何乐而不为呢? 人应该是有弹性的和会变通的。

⑥在这个世界上，虽然我们可能得到很多人的帮助，但是自己的命运最终只有靠自己去把握。我们应该充分发挥自己的天赋或特长，尊重自己，仔细地聆听来自心底的呼声，而不是人云亦云，随波逐流。背离自己的个性是人生痛苦的根源，一味地活在别人的"看法"中，容易导致"削足适履"的悲剧，也是对自我生命的最大蔑视。

充分地盘点你的能力，最大限度地运用它，并把它运用在最可能实现的目标上，成功便触手可及了。

找到发挥自己的舞台

每一个人要发挥自己的才能和特长，需要为自己寻找舞台。如果没有找到自己的舞台，那么即使是天才，也很有可能被埋没。历史上就有许多被埋没的天才，不是因为他们才疏学浅，而是由于他们找不到可以充分发挥自己才能的舞台。很多天才自命清高，对世俗的一切表示厌恶，最后自己也并没有取得什么骄人的成绩，相反因为无法合群而备受苦恼。对于我们每一个人来说，不但要培养自己的才干，而且要努力寻找发挥自己才能的舞台。

在原始的大森林里，到处都生长着高大挺拔郁郁葱葱的乔木，叶形椭圆的楠木、叶子对生的梓树、可防虫蛀的樟树、可做染料的栎树等。

有一种善于飞腾、跳跃的灵猿，生活在这原始大森林里，恰似如鱼得水。它们在这些又粗又直的乔木之间轻盈敏捷地攀缘，时而跃上，时而落下，不时还会扯住一根藤蔓，荡到另一棵大树的树杈上去小憩片刻。它们在大森林内嬉戏玩耍，逍遥自得，神气活现，好不威风，俨然就像这深山老林中的君王，谁也奈何它不得。由于它们的身体十分灵巧，行踪无定，就算是神射手也难以瞄准它。

然而，若是将这群灵猿赶到一片荆棘丛生的灌木丛中去生活，那就会变成另外一番景象了。那里尽是生有长刺的灌木丛，灵猿再也不敢轻举妄动了，它们无树可攀，无枝无跳，善于腾跃的本领无法施展，稍有行动，往往就会被繁枝利刺扎得疼痛难忍，真可谓危机四伏。因此，它们只能小心谨慎地在林间东张西望，左顾右盼，战战兢兢地爬行，全身紧张得直打哆嗦，再没有在大森林中的洒脱自如。

每个人都要选择适合发挥自己优势的大舞台，这个舞台可以是职业、行业、事业或者其他，选择正确了，我们就可以在其中如鱼得水，选择得不好，就会感到处处掣肘，阻力重重。

戴尔·卡耐基是一名杰出的教育家和演说家，他的工作不仅影响了成千上万人的生活，而且他的教学构想改革了成人教育的方法。然而卡耐基并不是一开始就选择了后来的生活道路，他经历了一系列的曲折。

卡耐基曾干过推销员的工作。

卡耐基从事推销员工作中的一个差事是推销货车。尽管他曾

努力做好工作，可是那些诸如发动机、车轴的部件设计之类的机械常识，无论怎么学都无法引起卡耐基的兴趣。

一天下午两点，来了一对年轻夫妇。卡耐基连忙上前招呼客人：

"先生，欢迎光临！本店供应极为优质的派克自用车和货车，您看这辆车真漂亮！"

卡耐基洪亮的声音在宽敞的售货大厅里显得瓮声瓮气，两位自视甚高的顾客不屑一顾。不过，卡耐基并不生气，他照常向他们热情地介绍和赞扬公司的产品，说得天花乱坠。可是，那位小姐几分钟后就不耐烦地拉着自己的丈夫向店门走去，还说道：

"先生，你并不懂汽车，更不懂机器，我敢肯定，让一个3岁小孩在这里待上一天也会说得像你这么好！谢谢你的热心，我们从不和无知的人讨论，再见了！"

顾客刚出店门，经理就走了过来："我现在警告你，不要再和客人谈那些有关公司创始人密斯特尔斯和威廉·派克尔德的事迹，你只要一心一意地为我卖掉这些汽车。"

卡耐基再也说不出什么话来，只有唯唯诺诺地不断地点头。疲惫不堪和对工作没有兴趣，招致推销的失败，卖不出汽车又受到同事的嘲笑、上司的责备，这一切令卡耐基烦恼不已。他对销售员生活感到绝望了。

卡耐基能成为世界知名人物，他的许多作品所发挥的作用功不可没。然而，萌发写作的念头却源于他与一位顾客的相逢。

这一天，卡耐基碰上了一位头发斑白的老者。老者想买车，卡耐基又背书似的背诵那套"车经"，可老人家并不怎么感兴趣："无所谓的，我还走得动，开车只不过是尝一尝新鲜劲儿，因为我年轻时曾梦想成为汽车设计师，那时还没有汽车呢，密斯特尔斯和威廉·派克尔德和我一样在念中学……"

老者的话题吸引了卡耐基。他详细地和老者探讨着汽车创始人、汽车设计者的成功经历，两人对密斯特尔斯形成了共同的评价，对威廉先生却有不同的看法。渐渐地，话题又转到了卡耐基的生活方面。在这样一个陌生的老者面前，斜靠在车厢上的卡耐基讲出自己的成长历程、漂泊不定的生活和前些时间里的忧郁：

"有时，我对自己说，'我在做什么？我梦想的是什么？如果我想成为作家，那为什么不从事写作呢？'尊敬的老先生，您认为我的看法对吗？"

"好孩子，非常棒！"老人脸上露出笑容，继而一脸正气地说："你为什么要为一个不关心又不能付你高薪的公司卖命呢？写作也是门好行当呀！"

老头举出了好几位有名作家，比如杰克·伦敦、富兰克林·挪瑞斯及亨利·詹姆斯等人，掰着指头，算出 1901 年至 1910 年间的畅销书，其中特别强调几本销售量超了一百万册的书，比如杰克·伦敦的《野性的呼唤》、约翰·霍克斯的《寂寞松树的故事》、威金夫人的《阳光下农场的瑞贝尔》及哈珞·贝尔的《山上的牧羊人》等。

老先生的谈话使他受益匪浅。老先生说道："你的职业应该是能使你感兴趣并发挥才能的。既然写作很适合你，为什么不试一试？"卡耐基恍然大悟。在大学时代，他就有写作的梦想并且

一想到写作就有一种冲动。

卡耐基的胸中立时奔涌起要创作的激情。其实，这种状态一直深藏在他的内心深处，今天被老先生的几句话又给激活了。卡耐基一直认为，作家的角色有助于自己解决困难。摆脱内心忧郁和恐惧的最佳办法就是提笔写作，只有把它们写出来，把心头的万千话语写出来，才能平衡自己的内心世界。更何况，他早就想捕捉西部密苏里农场的艰苦生活，抓住生活的真实感受，还有像他一样的农民的坚强个性以及玉米地的气息，和那些发生在玉米地里的故事。

在经历了失败的推销员生涯后，卡耐基心中已描绘了自己的未来。他对自己说："既然我已决定放弃工作，努力写作，我就应该有好的心态审视自我。我要像太阳一样燃烧，照亮黑暗街道上的行人，我得努力寻找一条展示自我的捷径。在未来的日子里，我要灵活地面对生活，开创一条全新的成功之路，让我的天赋发挥到极致。"

在选择自己的舞台的时候，可以从以下几个方面来衡量：

1. 个人的性格

社会上几乎每一种工作都对性格品质有着特定的要求，要选择某一职业就必须具备这一职业所要求的性格特征。实践证明，没有良好的与职业要求相适应的性格品质，就不能很好地适应工作。

2. 个人的能力

你在选择职业时绝不能好高骛远或单从兴趣出发，要实事求是地检测一下自己的学识水平和职业能力，这样才能找到"有用武之地"的合适工作。

3. 个人的兴趣爱好

兴趣是最好的老师，兴趣对人的发展有一种神奇的力量。人们在选择从事什么行业时，往往首先想到喜欢什么，对什么感兴趣。兴趣是人所共有的，但又是千差万别的。不同的行业需要不同的兴趣特征。一个擅长操作的人，靠他灵巧的双手，在操作领域得心应手，但如果硬把他的兴趣转移到书本的理论知识上来，他就会感到无用武之地。这种兴趣上的差异，是构成人们选择的重要依据之一。

每个人的兴趣爱好各不相同，那些兴趣广泛、爱好多样的人择业的空间就大些，他们也更能适应不同的工作岗位，广泛的兴趣爱好为选择创造了更多有益的条件。

4. 个人的气质类型

职业对人的气质都有着各自的特定要求。教师、医务工作者要求具有反应灵敏、细致、耐心等气质特性，律师、外交人员则要求具有思维敏捷、能言善辩等特点。

总之，每个人都要根据自己的具体情况，来选择最适合自己的职业和行业，从而找到最利于自己发挥优势的舞台，这样才能不断地靠近成功。

用特长证明自己

只有了解自己的特长，才能发挥自己的最大优势。特长就是能力，被人们称为"杨万能"的杨杰，就是一位充分发挥自己特

长的土生土长的发明家。这也说明，人的智能中存在很多尚未开发的领域，只要我们积极评估自己的职业能力，充分发挥自己的特长，那么，就一定可以在职业的道路上获得辉煌的成就。

杨杰只有初中文化程度却凭着自己的特长闯出了事业的一片天。幼年的杨杰每天放学后，在父亲办的小修理铺里帮着修理自行车、架子车等，跟父亲学的这点小手艺，对他以后的人生道路产生了很大影响。在学校里老师的自行车和教室里的电灯、桌、椅、板凳等全由他包修，加之他天资聪慧，学习成绩好，老师和同学们给他起了个"杨万能"的绰号。

杨杰初中毕业，因家境贫困，只好辍学回家务农。不到 17 岁，他就去参加宝鸡峡水利工程建设，一个人负责修理 30 多辆架子车。后来，学校高中班开学，招收少量社会生，学校首先想到这个聪明好学的学生，校长亲自登门寻找，最终他还是因家庭困难，再次放弃。

在农村劳动期间，村里添置了一批农业机械，决定让他搞专业维修。杨杰不负众望，很快掌握了各种机械常识和维修技术，并且帮助粉条加工厂解决了生产中的一些技术难题，制作了一台小型红薯粉碎机。同时，他不定期抓紧时间学完了《机械原理》《机械制图》《电工基础》等大专课程，立志走出一条实现自我价值的路子。

理论知识进一步拓宽了杨杰的思维，他成功地设计制造了柴油机驱动的碾麦机，还为本村织布厂设计制造了到位机、轮径机等配套设备，而且三个月内安装调试成功。

长期的实践经验和知识积累，使杨杰的创造发明和设计能力走向成熟。改革开放更为他的事业发展创造了良好的外部条件。杨杰决心在创造发明的征途上充分施展自己的才华，开创新的事业。

从 1981 年他开始积累资金，进行有偿技术服务。先后为县南关、麦张寨、城关镇等楼板厂设计安装调试切断机、搅拌机及其配套设备。通过一年多的努力，他用积攒起来的资金，购买了车床、电焊机等机械，自己又设计制造了拉丝机等配套设备，与别人合办了冷拔拉丝厂。后来，由他提供设备和技术，又同福利公司合办了纸管厂。

1987 年，他瞄准了当时的又一新兴产业——铝箔复合包装业，果断地将纸管厂转给福利公司，到机械制造厂担任技术厂长。针对铝箔复合机恒线速不稳定的问题，设计制造了恒线速收卷装置——滑差机构和挠性支承轴，解决了生产中的重大技术难题，不但提高了产品质量，而且提高了生产效率和设备使用率，并生产了第一代恒线速收卷、铝箔按切机，获得两项国家专利。接着，他发明研制了螺旋胀紧轴，再次获得国家专利。

古人讲，凡是掌握了一门技艺，无论是做什么的，都可以成名。只要有一技之长，就可以自立。的确如此。过去老人总对年轻人说："纵有家产万贯，不如薄技在身。"这是最平凡最实在的真理。一技在身，能助你成就大事。不要小瞧这些技艺：理发、修表、烹饪、园艺、茶道……只要技艺精深，同样大有可为，事业辉煌。聂卫平是围棋大师，杨小燕是桥牌皇后，侯宝林是相声泰斗，梅兰芳是京剧巨擘，乔丹是篮球巨星，皮尔·卡丹是时装大腕……

· 201 ·

有些人拥有很强的企图心和欲望，以为自己无所不能，所以想在各个方面出人头地，成为人人羡慕的名人。于是，他们就像兔子一样，在别人怂恿的之下，信心十足，觉得自己没问题，既可以当演员，又可以当作家；既可以是演说家，又能是主持人；既可以参选民意代表，又能参与公益活动，更能投资开公司、当老板……最后的结果往往得不偿失，竹篮打水一场空。

在今天的工作中，大多数的工作都需要有一定的技能。当旅游团的工作者拿到资料和纪念品时一定要将它们妥善保存并适时适量地分配。同样，牙科医生需要将一名病人的情况很清晰地解释给很多人听，譬如病人、家属及保险公司的人员，所以，牙科医生的工作不但需要大量丰富的专业知识，同时，他们也需要许多其他职业人所需掌握的技能。

确定你所拥有的能力的方法之一就是去想想、去看看你现在已经掌握了的技能。技能有两种表现：技能是你能做的事；技能是你做事的方法和风格。例如，你有语言组织能力，但是当你在组织语言的时候，你的能力又从哪里体现呢？你用的是什么风格、什么方法呢？或许你组织语言明确、精密；又或者你能快速地组织好语言，使之成形；或者是善于设计文件书写格式，使之更吸引人。

所以，在发挥你的优势的时候，你要仔细想想，你现在拥有什么技能可以使你的工作因之而受益匪浅；在现在的工作岗位中，你必须掌握哪些一般的工作技能和对你的前途大有帮助的特殊技能。通过确认自己能干什么和会怎么干，你就可以更好地去把握自己的资质是什么，也就是说，什么是你的优势。

第五章

强化自我优势：从艰难之路走上成功大道

（一）敢想敢做：避免陷入优柔寡断的误区

许多失败是因为不敢想、不敢做

敢想和敢做，是促使人走向成功的一对孪生兄弟，二者相辅相成，缺一不可。任何人要想获得成功，首先必须敢想，也就是要敢于想象自己的未来，把自己的理想和目标提升起来，而不要退缩在一个蹩脚的、狭小的角落。

卓越的人生都是崇高理想的产物。不过，这只是问题的一个方面；另一个不容忽视的方面是，只敢想而不敢做或不愿做的人，也不会拥有成功。

有个人曾经问著名思想家布莱克："你能成为一位伟大的思想家，成功的关键是什么？"

"多思多想！"布莱克回答。

这个人如获至宝地回到家中，开始整天躺在床上，进入"多思多想"的状态。

一个月后，那个人的妻子找到布莱克，愁眉苦脸地诉说道："求你去看看我的丈夫吧，他从你这儿回去以后，就像中了魔一样，整天躺在床上痴心妄想！"

布莱克赶去一看，只见那个人已经变得骨瘦如柴。他拼命挣扎着爬起来，对布莱克说："我最近一直都在思考，甚至到了茶饭不思的地步，你看我离伟大的思想家还有多远？"

"你每天只想不做，那你都思考了些什么呢？"布莱克问道。

那人回答道："想的东西实在太多，我感觉脑子里都已经装不下了。"

"哦！我大概忘了提醒你一点：只想不做的人只能产生思想垃圾。成功像一把梯子，双手插在口袋里的人是永远爬不上去的。"接着，布莱克举了一个例子：

有一个满脑子都是智慧的教授和一位文盲相邻而居。尽管两人地位悬殊，知识、性格更是有着天壤之别，可是他们都有一个共同的目标：如何尽快发家致富。

每天，教授都跷着二郎腿在那里大谈特谈他的"致富经"，文盲则在旁边虔诚地洗耳恭听。他非常敬佩教授的知识和智慧，并且按照教授的致富设想去付诸实际行动。

几年后，文盲成了一位货真价实的百万富翁，而那位教授依然是囊空如洗，还在那里每天空谈他的致富理论。

成功在于意念，更在于行动。许多人都为自己制定了人生目标，从这一点上说似乎人人都像一个战略家。但是，相当多的人制定了目标之后却没有落实，不敢采取行动，结果到头来仍是一事无成。

"做"即行动，这是成功人生的起点，因为成功来自身体力行。同样，也只有通过确实有效的行动，你才能抓住稍纵即逝的机会，追来幸福之神的垂青和厚爱。相反，无论你有多么美好的目标、多么缜密的计划，如果你不实际行动起来，成功之门永远不会开启。

行动可以改变一个人的态度，因为凡事都不去行动，就不会知道自己的智慧和能力。而采取了行动，你的潜能就会随着行动发挥作用，辅助你由消极转为积极，让你在每天的行动中都享受到成就带来的满足。

托尼是哥本哈根大学的学生。有一年暑假他去当导游。因为他总是高高兴兴地做了许多额外的服务，因此几个芝加哥来的游客就邀请他去美国观光，旅行路线包括在前往芝加哥的途中，到华盛顿特区做一天的游览。

那天，托尼的外套口袋里放着飞往芝加哥的机票，裤袋里则装着护照和钱。他随着游客抵达华盛顿后就住进了"威尔饭店"，有人为他预付了账单，他真是乐不可支。可是后来托尼突然遇到很大麻烦，当他准备就寝时，才发现皮夹不翼而飞。他立刻跑去柜台那里。

"我们会尽量想办法。"经理说。第二天早晨仍然找不到，托尼连两块钱的零用钱都找不到。自己孤零零一个人在异国，应该怎么办呢？打电报给芝加哥的朋友向他们求援，还是到丹麦大使馆去报告遗失护照？或者坐在警察局里干等？

他突然对自己说："不行，这些事我一件也不能做。现在仍有宝贵的一天待在这里。今天晚上还有机票到芝加哥去，一定有时间解决护照和钱的问题。我要好好看看华盛顿，说不定我以后没有机会再来。我跟丢掉皮夹子以前的我还是同一个人，那时我很快乐，现在也应该快乐呀！我不能白白浪费时间，现在正是享受的好时候。"

于是他立刻动身，徒步参观了白宫、国会山庄和几座大博物馆，还爬到华盛顿纪念馆的顶端。他去不成原先想去的阿灵顿和许多别的地方，但他看过的，他都看得很仔细。

等他回到丹麦以后，这趟美国之旅最使他怀念的却是在华盛顿漫步的那一天——如果他没有用敢想敢做的态度去处理那件事，就会白白地浪费了那么充实的一天。

几天之后，华盛顿警方找到了他的皮夹和护照，并且送还给了他。

许多失败的人就是因为不敢想、不敢做，结果浪费了大好的机会，与成功失之交臂。他们常犯以下毛病。

缺乏自信

缺乏自信的人很在意别人的批评，很容易听别人的劝告。但这样的话，常常陷入优柔寡断的误区而不能自拔。如果在行动中，一直想着"不知别人怎么看的""不知别人怎么做的"，就根本无法贯彻自己的行动。

缺乏自信的人必然容易动摇，容易动摇的人必然会半途而废，半途而废的人必然不会抓住成功的机会。这简直就是一个"人生失败方程式"。

不敢迈出第一步

万事开头难。行动的第一步是最难迈出的。很多人拘泥于周全的计划，详细的考虑。他们把种种困难一一挖出，然后在脑海中寻思各种克服的办法，然后又有新的困难产生，结果越来越乱，千头万绪。最终他们被困难的复杂性与庞大性压倒，在行动之前就已放弃，这种人明显欠缺决断力与行动力。实际上一个人即使有再准的先见之明，再正确的事先判断，如果不付诸实行，

也显得毫无意义。因此，要想成功，最重要的便是行动。

容易半途而废

克劳德·普里斯顿说过："我们可以把梦想比喻成利用放大镜来烧东西一样。把焦距调整好才能使阳光的热集中到一点。在太阳的热度还未达到燃烧的燃点之前，你必须紧紧抓住放大镜不动。我们的梦想也是如此，能否实现就看你能否信心坚定，始终不放弃。"

别把困难在想象中放大

有时困难在想象中会被放大一百倍，然后很多人因为相信这些困难不可克服而退缩。事实上，走出了第一步，你就会发现那些麻烦与困难并不是想象的那么严重，有时只是自己吓自己。

琼斯大学毕业后如愿考入当地的《明星报》记者。这天，他的上司交给他一个任务：采访大法官布兰代斯。

第一次接到重要任务，琼斯不是欣喜若狂，而是愁眉苦脸。他想：自己任职的报纸又不是当地的一流大报，自己也只是一名刚刚出道、名不见经传的小记者，大法官布兰代斯怎么会接受他的采访呢？同事史蒂芬获悉他的苦恼后，拍拍他的肩膀，说："我很理解你。让我来打个比方——这就好比躲在阴暗的房子里，然后想象外面的阳光多么炽烈。其实，最简单有效的办法就是往外跨出第一步。"

史蒂芬拿起琼斯桌上的电话，查询布兰代斯的办公室电话。很快，他与大法官的秘书接上了号。接下来，史蒂芬直截了当地道出了他的要求："我是《明星报》新闻部记者琼斯，我奉命访问法官，不知他今天能否接见我呢？"旁边的琼斯吓了一跳。

史蒂芬一边接电话，一边不忘抽空向目瞪口呆的琼斯扮个鬼脸。接着，琼斯听到了他的答话："谢谢你！明天下午1点15分，我准时到。"

"瞧，直接向人说出你的想法，不就管用了吗？"史蒂芬向琼斯扬扬话筒，"明天中午1点15分，你的约会定好了。"一直在旁边看着整个过程的琼斯面色放缓，似有所悟。

多年以后，昔日羞怯的琼斯已成为《明星报》的台柱记者。回顾此事，他仍觉得刻骨铭心："从那时起，我学会了单刀直入的办法，做来不易，但很有用。而且，第一次克服了心中的畏怯，下一次就容易多了。"

每个人都知道在完成自己的目标之前，多多少少都会遇到困难，但却不是每个人在碰到困难时都会思考：这个困难，到底算不算是"困难"？

打玛丽嫁到这座农场来的时候，那块石头就已经在这里了。石头的位置刚好位于后院的屋角，而且是一块形状怪异、颜色灰暗的怪石。它的直径大约一米，从屋角的草地里突出将近两厘米。如果不小心的话，随时都有可能被它绊倒。

有一次，当玛丽使用割草机清除后院的杂草时，不小心碰到了石头，割草机高速旋转的刀片就这样被碰断了。因为常常造成不便，所以玛丽就对丈夫说："能不能想个办法，把这块石头挖走呢？"

"不可能挖起来的。"丈夫这么回答，玛丽的公公也表示

同意。

"这块石头埋得很深。"公公对玛丽说，"从我小时候，这块石头就在这里了，从来没有人尝试把它挖起来。"

石头就这样继续留在后院里。年复一年，玛丽的孩子们出生，然后成家，接着是玛丽的公公去世，到最后，玛丽的丈夫也去世了。

在丈夫的葬礼过后，玛丽开始打起精神清理房子，这个时候她看见了那块石头，因为它的关系，周围的草坪始终无法生长良好。

于是玛丽拿出了铁铲和手推车，准备花上一整天的时间挖走这块石头。没想到才过了十几分钟，石头就开始松开，而且一会儿工夫就被玛丽给挖出来了。

原来，这块石头只不过几十厘米深而已，于是，那块原本每一代都认定没办法移动的石头，就这样简单地被移走了。

如果玛丽没有亲自动手去做，关于这块石头不可能搬动的"神话"，或许也会这样继续流传下去了。

困难到底是不是困难，必须动手去做才会知道。如果你只会在一旁空想，那么这个世界对你而言，将会是个被重重"困难"包围的可怕环境，而你，永远也无法破除困难，再进一步！所以，面对困难要有理智的态度和全面的权衡，别把困难在想象中放大。

改变我们的心境

生活快乐与否完全是由心态塑造的，完全取决于我们个人对人、事、物的看法。如果我们想的都是快乐的，我们就能快乐；如果我们想的都是悲观的，我们就会悲伤；如果我们想到一些可怕的情况，我们就会感到恐惧；如果我们想到的是不好的念头，恐怕就不会安心；如果我们想的全是失败，我们就会失败；如果我们沉浸在自怜里，旁人也都会可怜我们。

我们内心的快乐，并不在于我们在哪里，我们拥有什么，或者是什么人。不同的心态，能把地狱变成天堂，也能把天堂变成地狱。拿破仑和海伦·凯勒就是这句话的最好例证。拿破仑拥有一般人所追求的一切——荣耀、权力、财富——却对圣海莲娜说："我这一生从来没有一天是快乐的。"而海伦·凯勒——又瞎、又聋、又哑，却表示："我发现生活是这样的美好！"

美国著名导演罗维尔·汤马斯雇用几名助手，在第一次世界大战中用影片记录了劳伦斯和他那支多姿多彩的阿拉伯军队，也记录了艾伦贝征服各地的经过。汤马斯的那个穿插电影中的演员——"巴勒斯坦的艾伦贝与阿拉伯的劳伦斯"，在伦敦乃至全世界都引起极大轰动。伦敦的戏剧节目因此顺延了六个礼拜，主办方还特意安排汤马斯在卡尔花园皇家影院演讲这些冒险故事，并放映他的影片。汤马斯在伦敦声名大噪，又游历了好几个国家。后来，他筹备了两年的时间，准备拍摄一部在印度和阿富汗生活的纪录片，但是一连串的时运不济使得他彻底破产了。

从那时起，他不得不到街口的小餐馆去吃廉价的食物。要不

是一位知名的画家——詹姆士·麦克贝借钱给他，他甚至连那点粗陋的食物也吃不到。当汤马斯面临庞大的债务而感到极度失望的时候，他努力使自己摆脱忧虑。他知道，如果他被霉运弄得垂头丧气的话，那么他在人们眼里就变得一文不值了。

他每天早上出去办事之前，都会买一朵花插在衣襟上，昂首阔步地走在牛津街上。积极而勇敢的生活态度使他没有被挫折击倒。对他而言，挫折是整个人生训练的一部分——是攀登高峰所必须经过的训练。

我们的心态对我们的身体和力量有着令人难以置信的影响。

信仰疗法的创始人玛丽·贝克·艾迪曾有一段时间认为生命中只有疾病、愁苦和不幸。她的第一任丈夫在他们婚后不久便去世了，她的第二任丈夫又抛弃了她，和一个有夫之妇私奔。她只有一个儿子，却由于贫病交加，使她不得不在儿子 8 岁那年就把他送给别人抚养。

她生命的转折点，是发生在麻省的安理市。有一天很冷，艾迪走路时不小心滑倒了，摔倒在结冰的河上，昏了过去。由于她的脊椎受到了伤害，她不停地痉挛，甚至连医生也认为她活不久了。医生们说：即使奇迹出现，她也无法再行走了。躺在病床上，艾迪翻开她的《圣经》。她读到马太福音里的句子：有人用担架抬着一个瘫子到耶稣跟前，耶稣就对瘫子说：小子，放心吧，你的罪被赦免了……起来，拿你的被褥回家去吧！而那人就站起来，回家去了。

她发觉耶稣的这几句话使她产生了一种力量，一种能够赐给她的力量。她立刻下床，开始行走。艾迪说："这种经验就像引发牛顿灵感的那个苹果树一样，使我发现怎样才能让自己好起来，以及怎样使别人也能做到这一点。我可以很有信心地说，一切的原因就在你的思想，而一切的影响力都是内心的思想。"

哲学家伊匹克特修斯曾说过："我们应该极力消除思想中的错误想法，这比去掉身体上的肿瘤和脓疮更加重要。"

当我们被各种烦恼困扰着，整个人精神紧张不堪时，我们应该明确地告诉自己，我们可以凭借自己的意志力，改变我们的心境。

正如心理学家威廉·詹姆斯所说："通常，只要把受苦者内心的感觉，由恐惧改成奋斗，就能把大部分我们认为的邪恶，改变成对你有帮助的助手。"让我们为我们的快乐而奋斗吧。

不要把结论下得太早

人生就像是长距离的赛跑一样，除了冲劲外，还要有毅力，每一次竞赛，不到最后一秒钟，谁也没有把握判断自己能否夺标，所以，暂时处于弱势，不必自暴自弃，更要不断地努力，才能有获胜的契机。

惠灵顿曾经被他的母亲认为是一个笨孩子。在伊顿公学时，他被称为笨蛋、白痴、智障者，他在那里被列为最差劲的学生。因为他什么都不懂，所以人们认为他什么都得从头学。他没有表现出任何天赋，也没有表现出任何要参军的意愿。在他的父母和老师的眼里，他那勤奋和坚毅的性格特征是对他的缺陷的唯一补偿。但是，在 46 岁那年，他战胜了"战无不胜"的拿破仑。

扬·林尼厄斯几乎要被他的老师叫作蠢猪了。当他的父亲发现他不适合做教士时，就把他送进大学去学习医学。但是，一个默默无闻、却比其他人更有耐心，也更有智慧的老师，引导他进入了适合他的领域。此后，无论是疾病、灾难还是贫穷，都不能把他从这个领域里拉出来。后来，林尼厄斯成为他那个时代最伟大的博物学家。

对人生不要太早下结论，在我们的生活中，读书的时候能力强、功课第一名的优等生，走入社会后，不一定能和在学校时一样，事事顺心、样样名列前茅。而在学校表现普通的学生，走入社会后，也有成就傲人或是出类拔萃之辈，所以对别人或自己都不必太早下结论，也不必太早放弃自己的想法。

清朝康熙年间，浙江有个读书人，精通史学，写得一手好字，但是在穷乡僻壤的家乡没有发展，因而穷困潦倒，最后不得不前往城市找机会并碰碰运气。在举目无亲的情况下，为了填饱肚子，他只好在路边摆起了摊子，以卖字画为生。有一天有位朝廷大臣的管家经过，看见他的字写得很好，便请他回家当孩子的教书先生。有一天朝中大臣急于想写几封重要的信函，却找不到代笔之人，遂由管家把他找来应急。

他不但把信写得很流畅，字体也很漂亮，大臣便把他留在身边担任文书工作，不久，康熙皇帝发现了他的才气，破格授予他官职。又因表现突出，一路平步青云，升官连连。他当时是乡下来的穷书生的时候，从未想到过自己会有后来的际遇。如果当时他对自己的前途失去信心，而因此对自己早下结论，那么，他的一生有可能就是老死乡间，碌碌无为了。

对自己的人生不要太早下结论。当我们处在人生的低谷时，仍然要客观地评价自己，而不应自暴自弃，垂头丧气。

我们的人生旅程，就像季节有着寒暑一样，也会有冷暖交替的变化。情场失意、工作不得志、与家人无法沟通甚至是在同事中不被认同……我们可能因为无法得到他人或是自己的认可而陷入低潮。等到清醒过来的时候，会觉得当时的行为实在幼稚，或是责备自己曾经是那么的莽撞、轻率乃至无知。于是，我们就这样在低潮与清醒中来回摇摆，到了最后还是回到原点，几乎没有任何突破与成长。

人在顺境时得意是自然的事情，但是能在低潮中苦中寻乐，或是让心情归于平静去认识自己，才能帮助自己随着经验而成长。当我们处在低潮时，其实正是好好反省、重新认识自己的时候，没有真正的深思和反省，就不会有透彻的领悟和清醒。有人尝试着看了许多书，也听了许多朋友的分析、建议。到了最后，还是说："书上写的、朋友说的我都懂，不过，懂是一回事，能不能做又是另外一回事！"他们畏惧改变，或者不耐于等待，因而错失了反省自己的机会。

很多有才气的人就像是蒙尘的珍珠，在没有成功之前，总是受到别人的欺凌和轻视，但是，千里马终会有遇到伯乐的一天。所以对别人或自己都不要太早下结论。

抛开负面的想象

在人们的心目中，都有一些关于自己的想象。有的是正面的，有的是负面的。正面的想象可以激发前进的脚步，而负面的想象却会阻碍你前进。所以，在追求目标的过程中，要尽量抛开负面的想象。

史蒂芬是一位完全被负面想象影响的病人，近40岁的他一直未婚。他每天照常上班，下班后把自己关在房间里，从来也不出门，也没有其他活动。他换过很多次职业，可每次都干不了多长时间。他的缺陷在于鼻子稍稍高一点儿，耳朵也比正常人稍稍大一点儿。他觉得自己"丑陋""长相滑稽"，觉得白天接触的那些人都在嘲笑他，背地里议论他太"特别"。这种想象越来越强烈，终于使他害怕在正式场合露面，也怕在人群中走动，甚至在自己的家里也感觉不安全。他甚至想象他的家庭也为他感到"丢人"，觉得他"长得太怪"，跟"别人"不一样。

实际上，他的面部缺陷并不严重。他的鼻子可称得上是"古典罗马"型；他的耳朵虽然有点儿大，却和成千上万人的耳朵一样，不会引起过多的注意。他的家人在沮丧中带着他一起去找一位外科整容医生，希望能帮助他并挽救他的生命。大夫看得出来，史蒂芬并不需要整形，只需让他了解这样一个事实：是他用自己的想象摧残了他的自我意象，以至于他认不清自己；其实他并不丑陋，人们也并没有因为他的外表而取笑他或觉得他奇怪；他的苦恼只是他的幻想造成的。种种幻想在他的内心形成一套自动的、否定的、失败的机制，并全速开动着。

当大夫跟他谈过几次以后，同时在他的家人的帮助下，史蒂芬逐渐认识到，他的负面想象力确实要对自己的处境负责。后来，他终于建立起一个真正的自我意象，获得了自信心。

你的行动与感觉并不一定是依照事物的本来面目来进行的，而是依照你对这些事物所持的意象来判断。对于你自己、你的世界和你周围的人，你都会产生某种特定的意象。你的表现也会以你所认为的真相和现实为依据，而不是以事物本身的现实为依据。

如果你能够通过想象形成一个清晰的自我图像，这个自我图像就能够帮助你达到最佳状态。

有两位心理学家哈利·格莱森博士和列奥那多·奥林格博士宣称，有些精神病人，只要想象他们自己是正常人，就可能改变他们的处境，缩短他们的住院期限。他们对 45 位住院治疗的精神病患者进行过这种试验。

他们首先对病人进行一般的性格检测，然后语气平淡地让他们再做一次同样的检测，要求他们把自己看作是"医院外面一个典型的正常人"那样来回答问题。

据这两位心理学家说，3/4 的病人在后一次检测中都有了转变，而且是向好的方向转变。因为让这些病人觉得自己像是"一个典型的正常人"那样对问题做出回答，他们必须想象出一个典型的正常人会有什么表现，他们必须想象自己担任正常的角色，这本身就足以使他们开始在动作上和感情上像一个正常人。

阿尔伯特·爱德华·维加姆博士把人心理上的自我想象称为"人的内心最强大的力量"。很多人改变其自我意象后，自己的

个性也发生了种种变化。想象出最佳的自我意象，你就能够做到更好。

（二）克服弱点：才能发挥自己的优势

克服自己的弱点

在现实生活中，每个人都不可能是完美无缺的，人人都有弱点，而过分地关注自己的缺陷和弱点则是最愚蠢的做法。很多时候，什么导致不幸、什么产生幸福往往是我们所不能预料到的。因此，不论处于怎样恶劣的境地，我们一定不能绝望而是要努力拼搏，积极开发自己的弱点，化劣势为优势，登上成功之巅。

当阿诺德·施瓦辛格成为一名职业演员的时候，他有一个弱点：浓重的奥地利口音。这本来是一个弱点，但是当奥地利口音和他扮演的动作英雄的魅力混合在一起出现在银幕上的时候，他的弱点就变成了优点。口音成为他所塑造人物的一个特征，人们也纷纷仿效。

美国电视台的一个节目中曾有一个杰出的踢踏舞舞者，他被称为"木腿贝茨"。贝茨在早年失去了一条腿，这样的弱点会令大部分人放弃成为职业舞者的梦想。但是对于贝茨来说，失去一条腿不是他的弱点，因为他把这种弱点变成了一种优势。他把一个踢踏板安装在木腿的底部发展出一种切分音式的踢踏舞风格使他在演出中脱颖而出。

基金募集大师迈克尔·巴斯奥福因为将不被看好的成员发展为最好的基金募集人而震惊西方世界。他知道弱点可以转化为优点。比如说，如果基金会有一个"害羞"的秘书和他一起工作，他就会让那位"害羞"的秘书成为"最佳的倾听者"。很快，捐赠的人都迫不及待地要同这位害羞的员工谈话，因为她是一个绝佳的倾听者，她让说话的人感到自己非常重要。

美国励志大师史蒂克·钱德勒早年的一个弱点是同别人谈话的障碍。他对自己同别人交谈的能力没有自信，因此养成了给别人写信和写便条的习惯。熟能生巧，过了一段时间，他成了写信和写便条的高手，他把弱点转化成了力量，他写的信和便条拓展了他的关系网。

我们的所有弱点都是可以转化的，只要用足够的时间来思考它。一旦我们真正开始思考自己的弱点，弱点就很可能变为长处，种种创新的可能性将不断地涌现。

任何人只要愿意控制自己的弱点，愿意接受积极思想，就能够使自己的弱点发生变化。

畅销书作家兼名嘴傅佩荣在上小学时，隔壁搬来的新邻居家中的小孩说话口吃，他觉得好玩就跟着说，没想到自己因此而成为严重的口吃者。

那时候，傅佩荣上课很害怕被老师叫起来回答问题，每回总是面红耳赤，支支吾吾说不出半个字，因而惹得全班哄堂大笑。别的班的小朋友知道了，还捉弄他邀他去他们班上演讲。

为了维持自尊，傅佩荣非常认真地念书，用功课来弥补口吃的缺憾。他说："人生不能没有考验，口吃的毛病曾让我非常自

卑，却也同时启发了我，在其他地方证明自己的价值。"

从小学三年级到高中，傅佩荣就这样生活在口吃的缺点阴影下，直到高二时才去参加口吃矫正班，慢慢地学习说话技巧，而直到在耶鲁大学念完了博士，他才彻彻底底改掉了口吃的毛病。

傅佩荣在不断克服自己口吃的缺点的同时，努力提高自己的学识和修养，终于成为名嘴。

每一个人都有弱点。不同的是，一般人让弱点成为羁绊，一事无成；成功者却能克服、甚至开发了自己的弱点，把弱点转化为优点。世界是公平的，绝不会因为一个人身体有缺陷而剥夺他的成功与幸福，也不会因为一个人性格的腼腆而掩盖他的荣耀和风采。每个人都有着相同的机会，就要看我们是否有信心、有毅力去把握它了。

那么，要怎样来克服自己的弱点，使自己的整体素质得到升华呢？

①克服弱点要学会如何正确看待自己的弱点。我们不能将自己的弱点与自我想象的弱点混为一谈。大多数有自卑感的人总是把注意的焦点放在自己的弱点上，对不重要的事也把它夸大了来考虑，以为每个人都在注意这些事，而实际上并不是如此。

一些人强调自己性格上的弱点，然后又费尽心机证明，"因为这个弱点，所以不能成功"。要解决这个问题，就必须先认识到我们每个人都能成功、快乐和坚强。所以我们必须决定自己打算要突出哪一方面的优势，而这一决定权在于我们自己。一旦我们选择突出自己的长处和优点，自卑感便会消失，一种强有力的能力便会取代我们的缺陷和弱点。

②要有积极的心态，往往能使一个人将自己的弱点积极地转化为最强的部分。这种转化的过程有点类似焊接金属，如果有一片金属破裂，经过焊接后，它反而比原来的金属更坚固。这是因为，高度的热力使金属的分子结构更为严密了。

③克服弱点要防止气馁。我们性格中有一种普遍的弱点便是气馁。气馁必然导致失败，但如果我们能多坚持一下，多努力一下，结果可能完全不同。

挣脱自卑的羁绊

在现实生活中，我们每个人都或多或少存在着自卑，自卑并不可怕，可怕的是沉浸在自卑当中而丧失了追求成功的勇气。世界上许多成功人物之所以能成大事，就是因为能超越自卑。

从前有个美国人，相貌极丑，街上行人都要掉头对他多看一眼。他从不修饰，到死都不在乎衣着。窄窄的黑裤子，伞套似的上衣，加上高顶窄边的大礼帽，走路姿势难看，双手晃来荡去。

他是小地方的人，直到临终，虽然已经身任高职，举止仍是随意任为的，仍然不穿外衣就开门，戴手套去歌剧院，总是讲不得体的笑话，往往在公共场合忽然忧郁起来，不言不语。无论在什么地方——在法院、讲坛、农庄，甚至他自己家里——他处处都显得格格不入。

他不但出身贫贱，而且身世蒙羞，母亲是私生女，他一生都对这些缺点非常敏感。

没有人出身比他更低，但也没有人比他升得更高。他后来任

美国总统，这个人就是林肯。

一个人有这么大的弱点而不去补偿，难道也能得到林肯那样的成就吗？

原来林肯并不是用每一个长处去抵消每一个短处来求补偿，而是凭着伟大的睿智与情操，使自己的长处凌驾于一切短处之上，他不断地努力学习，用知识和智慧来补偿自己的不足。他用拼命自修来克服早期的孤陋寡闻，在20岁以前听牧师布道，他们都说地球是扁的。他在烛光、灯光和火光前读书，读得眼珠子在眼眶里越陷越深；眼看知识无涯，而自己所知有限，总是感觉沮丧。他填写国会议员履历，在教育一栏中填的是："有缺点。"

林肯一生不是沉浸在自卑中，而是对一切他所缺乏方面的全面补偿。他不求名利地位，不求爱情与婚姻美满，集中全力达到更高的目标，他渴望把他的独特思想与崇高人格里的一切优点奉献出来，造福人类。

艾莉诺·罗斯福也说："未经你的同意，没有人能使你感觉卑微。"古希腊谚语说："除了自己，没有人能够侮辱我们。"这显然是一种心灵"谚语"。

美国伊利诺斯大学的创始人本·伊利诺斯在青年的时候，就有着一段迷失自我的时期，他总是对那些成大事者非常羡慕，想着自己哪天也能成为其中的一员。"但我现在没有自己的房子，只有一辆破车，我还能干什么？怎么干？"他经常会产生这样的疑问。

本·伊利诺斯开始消沉起来，他在旅店抑郁地让时间流逝着。终于有一天，本·伊利诺斯清醒了，他要实现自己的梦想，因为，有一次他非常幸运地碰到了美国汽车工业巨头福特，福特对他的才能十分欣赏，他要帮助本·伊利诺斯实现自己的梦想。

经过八年的努力与福特的支持，本·伊利诺斯终于如愿以偿地创办了著名的伊利诺斯大学。

自卑是一种消极的自我评价或自我意识，自卑感是个体对自己能力和品质评价偏低的一种消极情感。自卑感的产生，不是其认识上的不同，而是感觉上存在差异。其根源就是人们不喜欢用现实的标准或尺度来衡量自己，而相信或假定自己应该达到某种标准或尺度。这些追求大多脱离实际，只会滋生更多的烦恼和自卑，使自己更加抑郁和自责。

强者不是天生的，强者也并非没有软弱的时候，强者之所以成为强者，在于他善于战胜自己的软弱。

一代球王贝利初到巴西最有名气的桑托斯足球队时，他害怕那些大球星瞧不起自己，竟紧张得一夜未眠，他本是球场上的佼佼者，但却无端地怀疑自己，恐惧他人。后来他设法在球场上忘掉自我，专注踢球，保持一种泰然自若的心态，从此便以锐不可当之势踢进了 1000 多个球。球王贝利战胜自卑的过程告诉我们：不要怀疑自己、贬低自己，只需勇往直前，付诸行动，就一定能走向成功。

从自卑中超越自我走向成功的例子，在世界知名人物中比比皆是：法国伟大的启蒙思想家、文学家卢梭，曾为自己出身孤儿，从小流落街头而自卑；存在主义大师、作家萨特，2 岁失父，左眼斜视，右眼失明，失去亲情与身体的残疾使他产生极重的自卑；法国第一帝国皇帝、政治家、军事家拿破仑年轻时曾为自己

的矮小和家庭贫困而自卑；日本著名企业家松下幸之助，4岁家败，9岁辍学谋生，11岁亡父。自卑一直是他们奋进的动力。正因为战胜了自卑，他们才有了最后的成功。

获诺贝尔化学奖的法国科学家维克多·格林尼亚出生在一个百万富翁之家，从小过着优裕的生活，养成了游手好闲、摆阔逞强、盛气凌人的浪荡公子恶习。仗着自己长相英俊，挥金如土，可以任意地玩弄女人。有一次午宴上，他对一位从巴黎来的美貌女伯爵一见倾心，像见了其他漂亮女人一样追上前去。此时，他只听到一句冷冰冰的话："请站远一点，我最讨厌被花花公子挡住视线！"女伯爵的冷漠和讥讽，第一次使他在众人面前羞愧难当。突然间，他发现自己是那样渺小，那样被人厌弃，一种自卑感使他无地自容。

他满含耻辱地离开了家庭，只身一人来到里昂，在那里隐姓埋名，发愤求学，进入里昂大学插班就读，并断绝一切社交活动，整天泡在图书馆和实验室里。这样的钻研精神使他赢得了有机化学权威菲利普·巴尔教授的器重。在名师的指点和他自己的长期努力下，他发明了"格氏试剂"，发表了200多篇学术论文，被瑞典皇家科学院授予1912年度诺贝尔化学奖。

一个人自卑的特点是感觉己不如人，低人一等，轻视怀疑自己的力量和能力，而这正是成大事者最蔑视的！那么如何在成大事的过程中，拒绝自卑的纠缠呢？

自卑心理较重的人，大致有三条出路：

一是消极认命，让自卑的感觉化为现实，承认并接受自己的确不如别人，相信自己没有能力。持这种消极态度的人，容易放弃个人的努力与奋斗，听任命运的摆布，以各种借口自欺欺人，为自己的失败辩护。

二是自暴自弃，走向侵犯他人、危害社会的犯罪道路。这种人看不到一点光明前途，铤而走险，以错误的方式去补偿自己的自卑心理。这种与他人为敌的反社会行为最终必以更大的失败而收场。

三是发愤图强，超越自卑。承认自卑的感觉，决不让这种感觉成为控制自己的事实。与其为自卑而悲观绝望庸碌一生，不如变自卑的弱点为奋斗的力量，拼搏一生，争取成功。一旦有几个小成功的记录，自卑就被逐渐超越，自信就会建立起来。持这种态度的人，不管原来多么自卑，必将赢得成功，赢得一个光明的前途。

第三条出路是最佳选择。这是一条从自卑到自信，从失败到成功，从渺小到伟大的光辉灿烂之路。这条路人人都可以走，只要你相信自己并愿意改变自己，那么，你就能走上一条成功大道。

不要张扬个性

遍查社会上性格成熟的成功的人士，我们发现有一个非常普遍的现象：很多在社会上功成名就的人，在他们各自的专业中，他们非常有个性，而在日常生活中，他们非常注意调整甚至约束自己的个性。

阿兰·马尔蒂是法国西南小城塔布的一名警察，一天晚上他

身着便装来到市中心的一家烟草店门前，他准备到店里买包香烟。这时店门外一个叫埃里克的流浪汉向他讨烟抽。马尔蒂说他正要去买烟。埃里克认为马尔蒂买了烟后会给他一支。

当马尔蒂出来时，喝了不少酒的流浪汉缠着他索要烟。马尔蒂不给，于是两人发生了口角。随着互相谩骂和嘲讽的升级，两人情绪逐渐激动。马尔蒂掏出了警官证和手铐，说："如果你不放老实点，我就给你一些颜色看。"埃里克反唇相讥："你这个浑蛋警察，看你能把我怎么样？"在言语的刺激下，二人扭打成一团。旁边的人赶紧将两人分开，劝他们不要为一支香烟而发那么大火。

被劝开后的流浪汉骂骂咧咧地向附近一条小路走去，他边走边喊："臭警察，有本事你来抓我呀！"失去理智、愤怒不已的马尔蒂拔出枪，冲过去，朝埃里克连开四枪。埃里克倒在了血泊中……

法庭以"故意杀人罪"对马尔蒂做出判决，他将服刑30年。一个人死了，一个人坐了牢，起因是一支香烟，罪魁是失控的心态。

林肯说得好："与其为争路而被狗咬，不如将路让狗。即使将狗杀死，也不能治好受伤的伤口。"唐代僧人寒山曾写诗道："有人来骂我，分明了了知（心里明明白白）。虽然不应对，却是得便宜。"

我们必须注意：不要使张扬个性成为我们纵容自己缺点的一种漂亮的借口。社会需要我们创造价值。社会首先关注的不是我们具有什么样的个性，而是我们具有什么样的工作品质。如果我们的工作品质是有利于创造价值的，我们就会受到社会的欢迎，否则，我们就会受到社会的冷遇。个性也不例外，只有当你的个性有利于创造价值，是一种生产型的个性，你的个性才能被社会接受。

张扬个性肯定要比压抑个性舒服。但是如果张扬个性仅仅是一种任性，仅仅是一种意气用事，甚至是对自己的缺陷和陋习的一种放纵的话，那么这样的张扬个性对你的前途肯定是没有好处的。

不要自作聪明

做人一定不能在真正聪明的人面前摆弄小聪明，否则就会令人生厌，给人造成不快，更主要的是极容易把自己逼上绝路。

成亮是一个刚刚毕业的大学生，不但面貌英俊，而且热情开朗。他决定找一份与人交往的工作，以发挥自己的长处。很快，他就得到一个好机会——一家五星级宾馆正在招聘前台工作人员。

成亮决定去试试，于是第二天清早就去了那家宾馆。主持面试的经理接待了他。看得出来，经理对成亮俊朗的外表和富有感染力的热情相当满意。他拿定主意，只要成亮符合这项工作的几个关键指标的要求，他就留下这个小伙子。

他让成亮坐在自己对面，并且开门见山地说："我们宾馆经常接待外宾，所有前台人员必须会说四国语言，这一指标你能达到吗？"

　　"我大学学的是外语专业，精通法语、德语、日语和阿拉伯语。我的外语成绩是相当优秀的，有时我提出的问题，教授们都支支吾吾答不上来。"成亮回答说。事实上，成亮的外语成绩并不突出，他是为了获取经理的信赖，自己标榜自己。但显然，他低估了经理的智商。事实上，在成亮提交自己的求职简历时，公司已经收集了有关的详细信息，其中包括成亮的大学成绩单。

　　听了成亮的回答，经理笑了一下，但显然不是赏识的笑容。接着他又问道："做一名合格的前台人员，需要多方面的知识和能力，你……"经理的话还没说完，成亮就抢先说："我想我是不成问题的。我的接受能力和反应能力在我所认识的人中是最快的，做前台绝对会很出色的。"

　　听完他的回答，经理站了起来，并且严肃地对他说："对于你今天的表观，我感到很遗憾，因为你没能实事求是地说明自己的能力。你的外语成绩并不优秀，平均成绩只有 70 分，而且法语还连续两个学期不及格；你的反应能力也很平庸，几次班上的活动你都险些出丑。年轻人，在你想要夸夸其谈时，最好给自己一个警告。因为每夸夸其谈一次，诚实和谦逊都要被减去 10 分。"

　　不够聪明，却自以为聪明绝顶，"班门弄斧""关公面前耍大刀"，结果自然只能出丑。人的聪明、智慧高下，并不会写在脸上，有时候小智小慧的人沾沾自喜于自己的绝顶聪明时，看在更高明的人眼里，不过是雕虫小技，笑话一桩！人生最大的失败，不在于不够聪明，而在于自以为聪明。

不悔悟就无从改进

对自己做错的事，知道悔悟和责备自己，这是自我提高的原动力。不反省不会知道自己的缺点和过失，不悔悟就无从改进。

著名作家李奥·巴斯卡力，写了大量关于爱与人际关系方面的书籍，影响了很多人的生活。据说，他之所以有这样卓越的成就，完全得益于小时候父亲对他的教育。小时候，每当他吃完晚饭时，他父亲就会问他："李奥，你今天学了些什么？"这时李奥就会把在学校学到的东西告诉父亲。如果实在没什么好说的，他就会跑进书房拿出百科全书学一点东西告诉父亲后才上床睡觉。这个习惯一直维持着，每天晚上他就会拿十年前父亲问他的那句话来问自己，若当天没学到点什么东西，他是不会上床的。这种自我反省的方法时时刺激他不断地吸取新的知识，产生新的思想，不断进步。

反省是自我认识水平进步的动力。反省是对自我言行进行客观的评价，认识自我存在的问题，修正偏离的行进航线。

一般善于自省的人都非常了解自己的优势和劣势，因为他经常仔细检视自己。这种检视也叫作"自我观照"，其实质也就是跳出自己的身体之外，从外面重新观看审察自己所作所为是否为最佳的选择。这样做就可以真切地了解自己。

能够时时审视自己的人，一般很少犯错，因为他们会时时考虑：我到底有什么力量？我能干什么事？我该干什么？我的缺点在哪里？为什么失败了或成功了？这样做就能轻而易举地找出自己的优点和缺点，为以后的行动打下基础。

要养成自我反省、自我提高的好习惯就要培养自己的自省意识。

首先，培养自省意识就得有自知之明。正确地认识自己实在是一件不容易的事情。自知之明，不仅是一种高尚的品德，而且是一种高深的智慧。如果把自己估计得过高了就会自大，看不到自己的短处；把自己估计得过低了就会自卑，对自己缺乏信心；只有估准了，才算是有自知之明。很多人经常处于一种既自大又自卑的矛盾状态。一方面，自我感觉良好，看不到自己的缺点；另一方面，却又在应该展现自己的时候畏缩不前。所以，要自省首先就要正确地认识自己。

其次培养自省意识，要抛弃那种"只知责人，不知责己"的劣根性。当面对问题时，人们容易说：

"这不是我的错。"

"我不是故意的。"

"没有人不让我这样做。"

"这不是我干的。"

"本来不会这样，都怪……"

这些话是什么意思呢？

"这不是我的错"是一种全盘否认。否认是人们在逃避责任时的常用手段，当人们乞求宽恕时，这种精心编造的借口经常会脱口而出。

"我不是故意的"，则是一种请求宽恕的说法。通过表白自己并无恶意而推卸掉部分责任。

"没有人不让我这样做"表明此人想借装傻蒙混过关。

"这不是我干的"是最直接的否认。

"本来不会这样，都怪……"是凭借扩大责任范围推卸自我责任。

找借口逃避责任的人往往都能侥幸逃脱。他们因逃避或拖延了自身错误的社会后果而自鸣得意，却从来不反省自己在错误的形成中起到了什么作用。

孔子说：吾日三省吾身。这是圣贤的修身功夫，普通人不易做到，但时时提醒自己，检视一下自己的言行却不是太难的事。一个人有了不当的意念，或做了见不得人的事，可能瞒过任何人，但绝对骗不了自己。一个常常做自我反省的人，不仅能增强自己的理智感，而且可以知道什么是自己该做的，什么是自己不该做的。建立自我反省机制是为了反观自我的不足，以达到提升自我、健全自我和改善自我的目的。

在生活和工作中不断地反省自己，并在反省中自我提高，这样才能随时发现自己的弱点，清除自己的弱点，从而真正做到避开自己的弱势，发挥自己的优势。

（三）创新求变：就能开创一个新的局面

换一个角度想问题

在现实生活中，当人们解决问题时，时常会遇到瓶颈，这时候，就需要创新思路。如果一直以常规的思路去考虑问题，就可

能很难取得突破。相反，如果能够用创新的思路去考虑问题，情况就可能完全改观。

生活中有很多成功的机会，我们一定要去把握和创造。有时候，把握机会仅仅需要的是一点打破常规的勇气。

在一次体育课上，体育老师正在考核一群小学生，看有谁能跃过 1.15 米的横杆。前面所有学生几乎都没有成功，轮到一名 11 岁的小男孩时，他犹豫了，一直在想如何能跃过 1.15 米。但时间不允许了，老师再一次催促，让他抓紧时间。

情急之中，他跑向横杆，在到达横杆前那一刹那，他突然倒转过身体，面对老师背对横杆，腾空一跃，竟鬼使神差般地跳过了 1.15 米的高度。他狼狈地跌落在沙坑中，垂头丧气地等待批评，旁观的同学也都在嘲笑他。

体育老师若有所思，微笑着扶他起来，没有批评他，反而表扬他有创新的精神，鼓励他继续尝试他的"背越式"跳高，并帮助他进一步完善其中的一些技术问题。这位小学生不负众望，后来，他在 1968 年墨西哥奥运会上，采用"背越式"的特殊跳法，征服了 2.24 米的高度，刷新了当时奥运会的跳高纪录，夺得奥运会的跳高金牌，成为赫赫有名的体坛超级明星。

他就是美国著名跳高运动员理查德·福斯伯。

任何创意要是能转换视角，才可能会有新意产生。做事情如果就事论事，则很容易陷入"惯性思维"当中。

汤姆和杰克是加利福尼亚的两个青年，他们一同开山卖石。汤姆把石块砸成石子运到路边卖给建房的人，杰克直接把石块运到码头卖给加州的花鸟商人。因为这儿的石头多是奇形怪状，杰克认为卖重量不如卖造型，价格高得多。

两年后，杰克成为小镇上第一个购买了汽车的人。

后来，政府规定：山上只许种树，不许开山卖石。于是，这里成了远近闻名的果园。因为这里产的鸭梨汁浓肉脆，纯正无比，所以每到秋天，漫山遍野的鸭梨招徕八方客商。他们把堆积如山的鸭梨成筐成筐地运往纽约和华盛顿，然后再发往欧洲和日本。

就在小镇上的人为鸭梨带来的幸福日子欢呼雀跃的时候，曾卖过石头的果农杰克卖掉果树，开始种柳树。因为他发现，来这里的客商不愁买不到好梨，只愁买不到盛梨的好筐。杰克卖筐的收入，是卖鸭梨收入的 3 倍还多。

又过了两年，杰克成为小镇上第一个购买了别墅的人。

再后来，一条铁路从这里贯穿南北，这里的人上车后，可以北到纽约，南抵佛罗里达。随着小镇的开放，果农也由单一的卖果品开始转为水果加工。就在一些人开始准备集资办厂的时候，杰克在他的地头砌了一垛 3 米高、百米长的墙。这垛墙面向铁路，背依翠柳，两旁是一望无际的万亩梨园。坐车经过这里的人，在欣赏盛开的梨花时，都会看到醒目的四个大字：可口可乐。据说，这是 500 里行程中唯一的一个广告。就凭这垛墙，他每年有 4 万美元的额外收入。

又过了两年，杰克成为小镇上第一个办起服装加工厂的人。

有一次，英国壳牌石油公司美洲区代表威尔逊到美国考察，当他坐火车路过这个小镇时，听到了关于杰克的故事。他被杰克罕见的商业头脑震惊，当即决定下车寻找杰克。

威尔逊找到了杰克，当时杰克正在自己的店门口与对门的店主吵架，因为杰克店里的一套西装标价 800 美元的时候，对门同样的西装标价 750 美元；而当杰克标价 750 美元的时候，对门就标价 700 美元……一个月下来，杰克仅批发出 8 套西装，而对门却批发出 800 套。

威尔逊看到这种情形，非常失望，以为是被讲故事的人欺骗了。但当弄清真相之后，威尔逊立即决定以百万美元的年薪聘请他。原来，对门的那个店也是杰克的。

又过了两年，杰克成为英国壳牌石油公司美洲区代表——威尔逊的最得力的助手。有一天，当威尔逊问到杰克脱贫致富的体会时，杰克深有感触地说："其实，经济上的贫穷并不可怕，可怕的是思考力、想象力和创造力的贫穷。必须有与众不同的想法，才会有与众不同的收获。只有依靠我们的思考力、想象力和创造力，才能创造奇迹。生活总是奖赏那些善于思考、善于想象和善于创造的人。"

很多人不敢创新，或者说不愿意创新，是因为他们头脑中关于得失、是非、安全、冒险等价值判断的标准已经固定，这使他们常常不能换一个角度想问题。而且一旦我们把同一问题换一个角度来考虑，就会发现很多新的机会、新的成功。

换个思路找答案

在处理事情的过程中，没有绝对解决不了的难题。有的人之所以陷入僵局，只是因为按部就班，没有创新思维。在这个世界上，从来没有绝对的失败，有时只需稍微调整一下思路，转变一下视角，失败就有可能向成功转化。

美国宇航局曾经为圆珠笔在太空不能顺畅使用而苦恼，提供巨资请专家研制新产品。两年过去了，该科研项目进展缓慢。于是，宇航局向社会悬赏，征求此种"便利笔"。不料，很快来了一个小伙子，他向惊讶的官员们出示自己的"研究成果"——一支铅笔！

这则笑话说明了，只要我们善于换个思路来思考问题，或许就能找到很好的答案。

瑞士的西铁城手表质量优良，属于世界名牌，但在刚进入法国市场的时候却不被看好，因为法国人对西铁城表根本就不了解。

钟表商为了让法国人了解西铁城表费尽了心思，但仍未见效。正在该公司决定撤离法国市场时，有一名中层经理出了一个"流星雨"的主意。他们首先在大众传媒上广泛宣传：某日将有世界上最好的手表从天而降，谁拾到就归谁，数千人怀着侥幸的心理在这天来到指定广场。预定的时间一到，忽然有一架飞机出现在上空，不一会儿一只只晶光闪亮的手表从天而降。广场上的人兴奋地拾起落在地上的手表，居然完好无损。从此，西铁城表得到了法国人的认可并名声大振。

在人生旅途中，一个好的思路、一个好的点子往往都可能是扭转乾坤的关键。

19世纪50年代，美国西部刮起了淘金热。李维·施特劳斯随着淘金者来到小商店。一天，他看见很多淘金者用帆布搭建帐

篷和马车篷，就购置了一大批帆布运回淘金地出售，不料很长时间过去了，帆布却很少有人问津。李维·施特劳斯十分苦恼，但他并不甘心就这样轻易失败，便一边继续推销帆布，一边积极思考对策。有一天，一个淘金工人告诉他，他们现在已不再需要帆布搭帐篷，却需要大量的裤子，因为矿工们穿的都是棉布裤子，很不耐磨。李维·施特劳斯顿觉眼前一亮：帆布做帐篷卖销路不好，做成既结实又耐磨的裤子卖，说不定会大受欢迎！他领着那个淘金工人来到裁缝店，用帆布为他做了一条样式很别致的工装裤。这位工人穿上帆布工装裤十分高兴，逢人就讲这条"李维氏裤子"。消息传开了，人们纷纷前来询问，李维·施特劳斯把剩余的帆布全部做成工装裤，结果很快就被抢购一空。由此，牛仔裤诞生了，并很快流行起来，给李维·施特劳斯带来了巨大的财富。

李维·施特劳斯的故事启示我们：失败了、跌倒了，不要轻易认输，更不要急于走开。只要保持冷静，勇于打破思维的定式，打破习惯的桎梏，换个思路寻找答案，说不定很快就能找出成功的钥匙。

1915 年，在国际巴拿马商品博览会上，世界各地的展品琳琅满目。可是，中国送展的茅台酒很长时间无人问津，每个参加博览会的工作人员都很着急。其中一个工作人员想了一个办法，他提着两瓶茅台酒走到展览大厅最热闹的地方，故意装作不慎把酒摔在地上。一股浓郁的酒香顿时弥漫了整个大厅，"好酒！好酒！"的赞叹声此起彼伏。这位中国工作人员这个创意果然奏效，茅台酒在这次博览会上被评为世界名酒，从此名声远扬。

做事情最怕死守陈规，不懂变通。当形势不利时，应该及时调整思路，寻找新的方法。很多事情，只要我们换一种思路思考，就能开创一个新的局面。

敢于突破自我

创新的成功，总是孕育着创新者的强烈创新意识。要想摆脱传统观念和习惯思维的局限，就要鼓励自我打破思维禁锢，突破常规的路线，挑战假设的局面，激活创新的意识。

并非只有出类拔萃的人才有创新的意识，才能把握成功，其实普通人也一样能通过创造来获得成功和财富。每个人都有自己的创新意识，有的时候只是处于隐蔽状态，未曾开发出来而已。因此普通人只要敢于突破常规、敢想敢干，一样能够突破自我。

哈姆威原是出生于大马士革的糕点小贩，1904 年在美国路易斯安那州举行的世界博览会期间，他被允许在会场外出售甜脆薄饼。他的旁边是一位卖冰激凌的小贩。夏日炎炎，冰激凌卖得很快，不一会儿盛冰激凌的小碟便不够用了。忙乱之际，哈姆威把自己的热煎薄饼卷成锥形，交给卖冰激凌的小贩充作小碟用。结果冷的冰激凌和热的煎饼巧妙地结合在一起，受到了意外的欢迎，被誉为"世界博览会的真正明星"，获得了前所未有的成功。这，就是今天的蛋卷冰激凌。

克兰是一个专售巧克力的商人。他每到夏季便苦闷异常，因为巧克力变软，甚至融化，销售量急剧下降。他苦思冥想，制造了一种专供夏季消暑用的硬糖，一改块状、片状，而压制成小小

的薄环。1912 年，他正式批量生产这种命名为"救生圈"的具有薄荷味的硬糖，颇受欢迎，甚至畅销不衰。

克鲁姆是位美国印第安人，是炸马铃薯片的发明者。1853 年，克鲁姆在萨拉托加市的高级餐馆中担任厨师。一天晚上，来了位法国人，他吹毛求疵，总挑剔克鲁姆的菜不够味，特别是油炸食品太厚，无法下咽，令人恶心。克鲁姆气愤之余，随手拿起一只马铃薯，切成极薄的片，扔进了沸油锅中。他自己品尝了几片，发现味道香酥可口。不久，这种金黄色的、具有特殊风味的油炸土豆片，就成了美国特有的风味小吃而进入了总统府，至今仍是美国国宴中的重要食品之一。

戈德曼是超级市场的购物推车的发明者。1937 年他在俄克拉荷马市一家超级市场观察到顾客各个挎着、背着装满物品的筐和口袋，排着队等待着结账。他灵机一动，试制了一辆四轮小型推车，结果深受消费者和超级市场老板娘的欢迎，他因此而获得了发明专利。

当人们麻木地陷入思维定式的泥沼中，往往会不由自主地停止对自我的思考，并形成一种不去创新的态度和思维方式，使得事情的发展缺乏突破与创新。

松下幸之助曾经说过："今日的世界，并不是武力统治而是由创新支配。"只要勇于打破常规，再加上自己独特的创新意识，那便是一根成功的魔杖。美国的格林斯潘，拿着自己的金融魔杖，掌握着全球金融动态。纵观格林斯潘自传，他就是敢于打破世俗，靠自己独特的创造力登上了"金融沙皇"的宝座的人。还有著名的洛克菲勒家族，曾利用自己的魔杖建立了"托拉斯帝国"。洛克菲勒打破过去的垄断方式，使自己的势力范围扩展到了全美。

创新的意识来自生活，它并非很神秘的，相反，是人人都可以做到的。一切成就与财富都来自创新的意识。你要做的就是充分发挥思考的能力，激活创新的意识。努力去做，你一定会成功。

走出思维误区

有的人在无意识惰性思维状态中生活，而没有自我察觉。他们习惯于接受一些看起来顺理成章的事实，而不动脑筋去思考，如同生活这部大机器的一个机械零件，泯灭了个性，没有了生的灵感和激情。这种人就进入了思维的误区。

榆树村的王成把自己种的600公斤大葱拿到集市上去卖，可由于大葱大丰收滞销，卖了一天也没卖出去。这时走来一个买葱人说他只喜欢吃大葱的叶子，不想买葱白（葱茎），如果王成愿意卖，这600公斤大葱他全包下了。

王成犹豫了。他想，把葱叶子用刀切下，葱白卖给谁呢？

正巧，这时又走来一个人，说："我这个人就爱吃葱白，不愿吃葱叶子，只买你葱白你卖吗？"

王成大喜说："可以。我这大葱6角钱一公斤，你二位全包下吧！"

第一个买葱人说："我买大葱叶子3角钱一公斤，你买大葱白也3角钱一公斤，咱俩各花3角钱，给他6角钱一公斤。"王

成急于将葱卖出就将600公斤大葱用刀切开。

第一个买葱人说:"这葱用刀切开,可能要损失一点分量,我们再补你一点钱。"王成欣然同意并说:"既然是真正的买主,那点损失也没什么,就不要补了。"他想,两人各给3角钱,还是合6角钱一公斤,而且又将600公斤大葱全部买下了,也是不错,于是将葱叶和葱白分开卖掉了。

三个人成交后,王成高高兴兴地回家了,可仔细一算600公斤的大葱只收了300公斤的价钱,怎么想怎么不对劲,可又说不出这些葱怎么只卖了一半的价钱。

从以上这件事情上,我们可以看出惰性思维所产生的糊涂结果。卖葱人不知道自己吃了大亏,而买葱人也不知道自己占了大便宜,这就是糊涂买糊涂卖。

王成只想两个人各付3角钱还是合成那6角钱一公斤。用刀将葱分成两段从分量上是有些损失可怎么也损失不了一半呀,600公斤怎么只卖了300公斤的价钱呢?

如果王成能从惰性思维中醒悟过来,多想一想,不要被两个人各付3角钱等于6角钱的假象所蒙蔽,就会发现大葱用刀切开后变成了3角钱一公斤,而没有用刀切开之前,大葱的叶子和葱茎的价值都是6角,那么就会恍然醒悟了。可问题是他不愿多想,这就是惰性思维,造成糊涂事的发生。

在日常生活中有很多值得思考的问题,但人们天长日久形成惯性思维,由此又发展成惰性思维。

惰性思维就是不思考,也不愿思考,或者简单地想了一下也就算了,久而久之大脑处于半停滞状态。

上田村有位漂亮的姑娘，求亲的人很多，可都没有求成，有一位小伙子的父亲来求亲。姑娘的母亲说，姑娘的彩礼很简单，就是要求你家第一天只送一分钱，第二天送二分钱，第三天送四分钱，依此类推，送满一个月，就完婚。

小伙子父亲欣然同意，这彩礼太简单了，于是就每天送钱，可送了半个月就发觉再也送不下去了，后来仔细一算，一个月按30天算总共要送1000多万元钱。

这就是简单的惰性思维让他只想到一分钱，他觉得一分钱别说送一个月，就是一年也没多少钱呀，结果却不是那么简单。

可见，不愿思考或只做短暂思考，就自然地形成一种无意惰性。敏锐的思维、长远的思维、立体的思维在生活中是非常重要的，因此我们必须避开思维的误区，绝不让惰性思维误导我们的判断力。

（四）勇于挑战：只有经历风雨才能见到彩虹

要有"再试一次"的勇气

许多伟人通过奋斗领悟到：人应该是成功的而非失败的，如果能确信这一点，我们必将充满信心，并懂得跌跤并不是可耻的事，而是迈向成功的另一次机会。重要的是能以勇气、决心和乐观的心境继续努力。经验告诉我们，持续地用力敲门，它最终总会敲开的。

松下先生曾讲过自己的一段经历:"当我辞掉电灯公司检查员的工作去独立创业时,身上只剩下 70 元钱了。刚开始,生产出来的东西不但没有人买,甚至连寄售的地方都找不到,当时真后悔离开原来那家公司。后来,由于资金用尽,只好将部分衣物拿去典当,以便'再试一次'。幸好有那一次的尝试,才有了今天的局面。在后来的工作中,我遭受过无数次的挫折,我也重复地拿出'再试一次'的精神。终于在'再试一次'又'再试一次'的积累下,造就了现在的松下产业。"

很多人都知道凡尔纳是一位世界闻名的法国科幻小说作家,但很少有人知道,凡尔纳为了发表他的第一部作品,曾经遭受过多大的挫折!

这里记录的就是凡尔纳的一段难忘的经历:

1863 年冬天的一个上午,凡尔纳刚吃过早饭,正准备到邮局去,突然听到一阵敲门声,凡尔纳开门一看,原来是一个邮政工人。工人把一包鼓鼓囊囊的邮件递到了凡尔纳的手里。一看到这样的邮件,凡尔纳就预感不妙。自从几个月前他把第一部科幻小说《乘气球五周记》寄到各出版社后,收到这样的邮件已经是第 14 次了。他怀着忐忑不安的心情拆开一看,上面写道:"凡尔纳先生:尊稿经我们审读后,不拟刊用,特此奉还。某某出版社。"每看到这样一封退稿信,凡尔纳心里都一阵绞痛。这次是第 15 次了,稿件还是未被采用。

凡尔纳此时已深知,那些出版社的"老爷"是如何看不起无名作者。他愤怒地发誓,从此再也不写了。他拿起手稿向壁炉走去,准备把这些稿子付之一炬。凡尔纳的妻子赶过来,一把抢过手稿紧紧抱在胸前。此时的凡尔纳余怒未消，说什么也要把稿子烧掉。他妻子急中生智，以满怀关切的感情安慰丈夫："亲爱的，不要灰心，再试一次吧，也许这次能交上好运的。"听了这句话以后，凡尔纳抢夺手稿的手慢慢放下了。他沉默了好一会儿，然后接受了妻子的劝告，又抱起了这一大包手稿到第16家出版社去碰运气。

这次没有落空，读完手稿后，这家出版社立即决定出版此书，并与凡尔纳签订了20年的出书合同。

没有他妻子的疏导，没有"再试一次"的勇气，我们也许根本无法读到凡尔纳笔下那些脍炙人口的科幻故事，人类就会失去一份极其珍贵的精神财富。

通往成功的路上荆棘密布，但要用自己的力量去消融受挫的苦痛。心理学家先驱艾尔费烈德·艾德勒说："你愈不把困难当成一回事，困难愈不能把你怎么样，只要能保持个人心态的平和，就一定能够取得成功。"大多数人第一次骑单车都会跌倒，但是毕竟我们跨越了起点，我们将再次跨上单车，并最终战胜困难。

一个人无论他遇到了多大的困难，只要他一直保持"再试一次"的勇气，终究会获得成功。

不要轻言放弃

丘吉尔有一句名言："做人就要做坚强和刚猛的大雄狮！"的确做人最可贵的品质之一是坚持不懈，尽管这样可能会有感到

疲倦的时候，但是必须相信："一定要坚持、再坚持，挺一下就能渡过难关。"事实也是这样，不坚持，不忍耐，怎么可能成为一个强者？有很多人做不到这一点，所以往往被困难阻挡在成功的大门之外，成为一个可怜的弱者，从而无法坚挺地立在人生的平台上。

成功者大多是能为目标孜孜以求不畏艰难险阻的拼搏者。

1832 年 10 月 2 日傍晚，行驶在大西洋上的"萨利"号邮轮上，正在进行一场极常见的魔术表演。谁会想到，这次纯粹为了排解旅途烦闷的小把戏，不仅改变了一个人的半生命运，而且还掀动了人类通信进步的契机！

表演者是杰克逊医生。他在桌子上放了一块马蹄形的铁块，上面密密麻麻地缠着绝缘铜丝，旁边放着电池、铁钉。铜丝一通电，那马蹄铁就有了一股无形的力量，把铁钉牢牢吸住；电源一切断，铁钉立即从马蹄铁上掉下来，那股无形的力量马上消失了。

杰克逊望着惊奇不已的观众，解释说："这就是电流的磁效应。当电流通过线圈，电就转化为磁，马蹄铁就产生了磁性，所以吸引了铁钉。现在，电的应用时代已经到了。电的力量很大，传递速度很快，它能够传递信息。"

"用电传递信息，这真是个绝妙的主意，杰克逊先生，是否有人把它变成了现实？"问话的是一位享誉美国画坛的画家，41岁的莫尔斯。

杰克逊一耸双肩，遗憾地回答："没有。"

"哦！"莫尔斯不由得心中一亮，一个伟大的想法产生了：我为什么不去试一试呢？

回到美国后，莫尔斯全身心投入电报的研制中。他的画室变成了实验室：画架上摆满了电线、电池，地上铺满了各种铁工和木工的工具。

3 年时间过去了，莫尔斯的积蓄花光了，吃饭和实验都成了问题。莫尔斯没有其他路可走，只好重操旧业，到纽约大学当美术教授，白天上课，晚上研究电报。

研究到第 5 年，一天，莫尔斯接通电流后，望着啪啪作响的电火花，突然灵感来了：电火花是一种信号，没有电火花也是一种信号，没有电火花的时间间隔长短，这又是一种信号。三种信号有各种不同的组合，每一种组合代表一个数字或一个字母。这样只要用一根电线，通过接通或切断电流，就可以把信息传到另一端。

莫尔斯为自己的天才想象激动得不能自制，他终于解决了如何用电信号表示数字和字母这一关键问题。按照这个设想，他很快编出了世界上第一本电报电码，即使用至今的"莫尔斯电码"。发明电报电码后，莫尔斯一鼓作气，根据这个电码开始设计和制作电报机。

1837 年 9 月 4 日，莫尔斯终于制造出世界上第一台电磁式电报机，它能在 500 米范围内有效工作。

发明成功了。但由于通信距离短，没有企业家肯投资。

莫尔斯没有灰心，他忍痛卖掉了自己身边唯一值钱的东西——几幅祖传的珍藏了多年的名画，作为继续试验的费用。

在对原来的电报机进一步改进之后，莫尔斯来到华盛顿，向

国会提出建立一条华盛顿至巴尔的摩之间的实验电报线路的议案，要求拨款 3 万美元。

莫尔斯的议案受到很多议员的嘲笑。有的议员说："把钱投在一个充满幻想、不着边际的计划中，这是浪费纳税人的金钱，不如给钱让莫尔斯建造一条通往月球的线路。"

有的议员说："我们不需要电报，永远也不需要，有驿站马车和夏普通信机就足够了。"

为了说服这些议员，莫尔斯到国会做表演，回答议员们的问题。议员们眼见为实，一些议员开始赞成了。国会对议案展开了几次激烈的辩论，最后热衷于马车和夏普机的保守派占了上风，议案未获通过。

莫尔斯伤心极了，他自己跑去欧洲推销，结果处处碰壁，狼狈而回。此时，莫尔斯已 51 岁了。他贫病交加。为了活下去，他重新拿起画笔。可是，由于长久不动笔，画技大不如以前，他画的画无人问津。

后来在科学舆论的压力下，有关电报实验线路的议案被重新提交国会讨论。1843 年 3 月 3 日晚上，美国国会再次讨论莫尔斯的方案。原计划 8 点钟付诸表决，结果，国会一直争论到深夜 12 点，互不相让，最后表决，才以微弱多数通过莫尔斯方案。

1844 年 5 月 24 日，莫尔斯心情激动地坐在华盛顿国会大厦联邦最高法庭会议厅中，右手紧握电键，当着众人的面，向 65 公里外的巴尔的摩发出了历史上第一份长途电报："上帝创造了何等的奇迹。"

电报终于诞生了。莫尔斯艰苦奋斗了 12 个春秋，终于将他的想法变成了现实，他胜利了。

历史上许多伟大的成大事者，都是由坚韧造就的。发明家在埋头研究的时候，是何等的艰苦，一旦成大事，又是何等的愉快！世界上一切伟大事业，都在坚忍勇毅者的掌握之中，当别人开始放弃时，他们却仍然坚定地去做。真正有着坚强毅力的人，做事时总是埋头苦干，直到成大事。

在困难面前，不要轻言放弃。放弃，必然导致彻底失败。而不放弃，你却很可能会找到解决问题的方法。坚韧勇敢，是伟大人物的特征。没有坚韧勇敢品质的人，不敢抓住机会，不敢冒险，他们一遇困难，便会自动退缩，一获小小成就，便感到满足，这样的人成就不了大的事业。

面对挫折不消沉

挫折是生活中的组成部分，每一个人都会遇到。不是遇到这种不幸，就是遇到那种厄运；不是遇到大坎坷，就是遇到小麻烦。虽然我们不欢迎挫折，不喜欢挫折，但又总是躲避不开它。

许多著名的科学家、文学家和政治家都是在逆境坎坷中磨砺过来的，人类创造文明与进步的事业，无不经过挫折与失败。正所谓"宝剑锋从磨砺出，梅花香自苦寒来"。

世界著名科学家、大西洋海底第一条电缆的设计者威廉·汤姆逊教授曾说："有两个字最能代表我 50 岁前在科学进步上的奋斗，这就是'失败'……失败当然会产生忧虑，可是，对于从事科学的人，天赋的才能常会带来一种特别的兴致，借此使他不致

十分失望，也许反会使他的日常生活格外快乐。"

我国古代科学家张衡发明地动仪时，曾遭到当时朝廷政治上的打击，对他降职使用，别人也嘲笑他搞科学是不务正业，但他不为功名利禄和嘲笑讽刺所动摇。

当艾利斯·赫利还是一个尚未成名的文学青年时，在4年中他每周都能收到一封退稿信。后来艾利斯几欲停止写作《根》这部著作，并自暴自弃。如此9年，他感到自己壮志难酬，于是准备跳海了此一生。当他站在船尾，看着波浪滔滔，正欲跳海，忽然他听到心底里有个声音在呼唤："你要做你该做的，切勿放弃！"在以后的几周里，《根》的最后部分终于完成了。

成功的人，有很多经历过政治的落魄、家庭的不幸、理想的破灭、身体的伤残、世俗的妒忌、人情的冷漠等逆境。周文王拘而演《周易》、孔仲尼厄而作《春秋》、孙子膑脚《兵法》修列、司马迁受"腐刑"作《史记》、为写不朽的长诗《失乐园》和《复乐园》以致弥尔顿双目失明、为了写出流传世界的名著的海涅身患重疾等。

有人专门研究过国外293个著名文艺家的传记，发现有127人在生活中遭遇过重大的挫折。因此可以说，挫折是客观存在的，关键在于我们怎样认识它和对待它。如果对挫折没有正确的认识，遇到挫折就会惊慌失措；如果有了正确的挫折观，认识了挫折是人生中不可避免的一部分，就能把挫折当作进步的阶梯。

挫折会给人以打击，带来损失和痛苦，但也能使人奋起、成熟，从中得到锻炼。挫折既有消极的一面，也有积极的一面。

大化学家汉弗莱·戴维在分解钾、钠等碱金属的时候，在最后一次实验中发生了意外爆炸，他的脸被炸伤，左眼也失明了，但却获得了最后的成功。后来他说："感谢上帝没有把我造成一个灵巧的工匠，我最重要的发现是由失败给我的启发。"戴维是从失败之树上摘取了胜利之果，伴随着不断地失败，他最后得到了成功。

富兰克林的电学论文当年曾被科学权威不屑一顾，皇家学会刊物也拒绝刊登；第二篇论文又遭到皇家学会的一阵嘲笑。他的论文被朋友们设法出版后，因论点与皇家学院院长的理论针锋相对，遭到这位院长的人身攻击。但富兰克林没有被挫折吓倒，没有放弃自己的科学信念，而是更积极地投入实验，以实践来证实自己的立论，这就是使他冒着巨大的生命危险进行了风筝攫电的有名实验，他终于获得了成功。他的著作被译成德文、拉丁文、意大利文，得到了全欧洲的公认。

美国作家推朗·科维克，在他参加完越战回美国时，已经是坐在轮椅上的残障者。然而他并没有因为在越南战场上的失败而痛不欲生，他写的自传《七月四日诞生》，经导演奥利佛·史东搬上银幕，成为成功的影片。

医学博士乔纳斯·索尔克，经过 201 次实验发明了脊髓灰质炎（俗称"小儿麻痹症"）的疫苗，结束了这一病症对人类的肆意蹂躏。有一次人们问他："你取得了如此卓越的成就，彻底结束了脊髓灰质炎对人类的肆虐，取得这样的成就后，你是怎么看待先前的 200 次失败呢？"

索尔克博士这样回答："我这一生中从来没有经历过 200 次失败。我们家的字典上没有'失败'这个词。前 200 次尝试增加

了我的经验，让我学到很多东西。实际上是我做了201次发现。没有前200次的学习，我不可能得到这样的结果。"

生活中的挫折和磨难，并不都是坏事。挫折可以激发人的进取心，促使人为改变境遇而奋斗，它能磨炼人的性格和意志，增强人的创造能力和智慧，使人对所面临的问题能有更清醒、更深刻的认识。

成就事业的过程恰恰也就是战胜挫折的过程。强者之所以为强者，不在于他们遇到挫折时根本没有消沉和软弱过，而恰恰在于他们善于克服自己的消沉和软弱。奥斯特洛夫斯基说得好："人的生命似洪水在奔腾，不遇着岛屿和暗礁，难以激起美丽的浪花。"

提高自己抵御挫折的能力

不论是伟人还是凡人，在人生之路的漫漫征途上，都会遇到挫折。而伟人所遇到的挫折可能会更多。"一帆风顺"只是极少数幸运者的专利，大多数人都要经历沧桑与挫折，尝遍挫折所带来的痛苦。值得注意的是，尽管挫折对任何人来说都不可避免，但是，在经历了挫折以后，有的人走向了成功，有的人却走向了失败。造成这种本质区别的根本原因在哪里呢？就在于对挫折与逆境的认识和态度不同。

路易斯·巴斯德是公认的19世纪最伟大的生物学家。他是微生物学的鼻祖，他的成就极大地拓展了医学领域，如立体化学、细菌学、病毒学、免疫学、分子生物学等。他关于大多数传染性疾病均由于细菌感染的发现，即著名的"疾病的细菌源理论"，是人类医学史上最重要的发现之一。他对桑蚕疾病的研究成果，拯救了整个丝绸行业。此外，他还开发出炭疽热、霍乱、狂犬病等多种传染病疫苗。巴斯德的成就不仅于此，他最为著名的成就是他所提出的关于加热食品以防止食物腐坏变质，让人体避免细菌中毒的理论。

巴斯德曾多次遭受致命疾病的打击，身体极度虚弱，甚至整个身体的左侧全部麻痹等。尽管身体上遭受如此重创，个人生活上也经历磨难，但是，巴斯德始终在坚持，始终在继续自己的工作。就像巴斯德自己所说的那样："让我来告诉你我实现目标的秘诀吧，我的长处仅仅是不屈不挠而已。"

一个不经历挫折的人，是不能够坚强起来的；同样，不经过挫折磨砺的成功，都是脆弱的。成大事者最大的优点就是拥有抗挫折能力，从不把挫折看成过不去的难关，而是把挫折看成成功的一场"演习"。一个人没有抗挫折能力，必然会一击即倒。

艾柯卡，美国汽车业无与伦比的经营巨子，曾任职世界汽车行业的领头羊——福特公司。由于其卓越的经营才能，使得自己的地位节节高升，直到做到了福特公司的总裁。

然而，就在他的事业如日中天的时候，福特公司的老板——福特二世却出人意料地解除了艾柯卡的职务，原因很简单，因为艾柯卡在福特公司的声望和地位已经超越了福特二世，所以他担心自己的公司有一天改姓为"艾柯卡"。

此时的艾柯卡可谓步入了人生的低谷，他坐在不足10平方米的小办公室里思绪良多，终于毅然而果断地下了决心，离开福

特公司。

在离开福特公司之后，有很多家世界著名企业的头目都曾拜访过艾柯卡，希望他能重新出山，但被艾柯卡婉言谢绝了。因为他心中有了一个目标，那就是"从哪里跌倒的，就要从哪里爬起来！"

他最终选择了美国第三大汽车公司，克莱斯勒公司，这不仅因为克莱斯勒公司的老板曾经"三顾茅庐"，更重要的原因是此时的克莱斯勒已是千疮百孔，濒临倒闭。他要向福特二世和所有人证明，我艾柯卡的确是一代经营奇才！

接管克莱斯勒公司后，艾柯卡进行了大刀阔斧的改革，辞退了 32 个副总裁，关闭了 16 个工厂，裁员和解雇人员上升，从而节省了公司很大一笔开支。整顿后的企业规模虽然小了，但却更精干了。另一方面，艾柯卡仍然是用自己那双与生俱来的慧眼，充分洞察人们的消费心理，把有限的资金都花在刀刃上。根据市场需要，以最快的速度推出新型车，从而逐渐与福特、通用三分天下，创造了一个与"哥伦布发现新大陆"同样震惊美国的神话。

1983 年，在美国的民意测验中，艾柯卡被推选为"左右美国工业部门的第一号人物"。

1984 年，由《华尔街日报》委托盖洛普进行的"最令人尊敬的经理"的调查中，艾柯卡居于首位。同年，克莱斯勒公司营利 24 亿美元，美国经济界普遍将该公司的经营好转看成是美国经济复苏的标志。

有人曾经在这时呼吁艾柯卡竞选美国总统。如果说在福特公司的艾柯卡是福特的"国王"，那么在克莱斯勒的艾柯克无疑就是美国汽车业的"国王"。

艾柯卡之所以能创造这么一个神话，完全是受惠于当年福特解职的逆境。正是因为这一挫折，才使艾柯卡的事业进入第二个春天。从艾柯卡的经验中证明了一点：能正确面对挫折的人，就能从挫折中寻找改变人生的机会。

在现实生活中，人人都有追求的理想，大家都渴望成功。然而，挫折却像凛冽的寒风一样，摧枯拉朽，残酷无情。若想使春天的幼苗不被寒风刮折、吹死，就得拥有抵御寒风的措施。要想在无数次挫折中取得成功，唯一有效的办法就是通过努力提高自己抵御挫折的能力。

迎难而上才能成就传奇人生

成功的关键就是禁得起困难的磨炼。如果将每次的困难都看成是不可逾越的高山，那么前一次的困难，就为下一次的困难埋下了种子。如果把困难当作锻炼自己的机会，那么每一次的困难，就为将来的成功奠定了基石。

1832年，林肯失业了，这显然使他很伤心，但他下决心要当政治家，当州议员，糟糕的是他竞选失败了。在一年里遭受两次打击，这对他来说无疑是痛苦的。他着手自己开办企业，可一年不到，这家企业又倒闭了。在以后的17年间，他不得不为偿还企业倒闭时所欠的债务而到处奔波，历尽磨难。然而他再一次决定参加竞选州议员，这次他成功了。他内心萌发了一丝希望，认

为自己的生活有了转机："可能我可以成功了！"

1835 年，林肯订婚了，但离结婚还差几个月的时候，未婚妻不幸去世。这对他精神上的打击实在太大了，他心力交瘁，数月卧床不起。在 1836 年他还得过神经衰弱症，1838 年他觉得身体恢复良好，于是决定竞选州议会议长，可他失败了。1843 年，他又参加竞选美国国会议员，这次仍然没有成功。

他虽然一次次地尝试，但却是一次次地遭受失败：企业倒闭、情人去世、竞选败北。要是你碰到这一切，你会不会放弃——放弃这些对你来说是重要的事情？但他没有放弃，他也没有说："要是失败会怎样？"1846 年，他又一次参加竞选国会议员，最后终于当选了。两年任期很快过去了，他决定争取连任。他认为自己作为国会议员表现是出色的，相信选民会继续选举他。但结果很遗憾，他落选了。因为这次竞选他赔了一大笔钱，他申请当本州的土地官员。但州政府把他的申请退了回来，上面指出："做本州的土地官员要求有卓越的才能和超常的智力，你的申请未能满足这些要求。"

接连又是两次失败。然而，他没有服输。1854 年，他竞选参议员，但失败了；两年后他竞选美国副总统提名，结果被对手击败；又过了两年，他再一次竞选参议员，还是失败了。

在林肯大半生的奋斗和进取中，有九次失败，只有三次成功，而第三次成功就是当选为美国的第 16 届总统。屡次的失败并没有动摇他坚定的信念，而是起到了激励和鞭策的作用。每个人都难免要遇到挫折和失败，亚伯拉罕·林肯面对失败没有退却、没有逃跑，他坚持着、奋斗着。他始终有充分的信心向命运挑战，压根就没想过要放弃努力，他可以畏缩不前，不过他没有退却，所以迎来了辉煌的人生。

以顽强的毅力和百折不挠的奋斗精神去迎接生活的挑战，你才能够免遭淘汰。

1985年的一天，班·符特生砍了一大堆胡桃木的枝干，准备做菜园里豆子的撑架。他把那些胡桃木枝装在福特车上，开车回家。一根树枝滑下来，卡在引擎里，车子冲出路外，撞在树上。班·符特生的脊椎受了伤，两条腿都麻痹了。

出事的那年他才24岁，他当时充满了愤恨和难过，抱怨命运的不公。可是时间一年年过去，他发现愤恨使他什么也做不成。班·符特生终于明白，大家对自己很好，很有礼貌，自己至少应该做到的是，对别人也有礼貌。

有人问他，经过了这么多年以后，他是否还觉得他所碰到的那次意外是一次很可怕的不幸？他说："不会了，我现在很庆幸有过那一次事情。"当他克服了当时的震惊和悔恨之后，就开始生活在一个完全不同的世界里。他开始看书，喜爱好的文学作品。在14年里，他读了许多本书，这些书为他带来了很多新的启示，使他的生活更为丰富。他开始聆听很多好听的音乐，以前让他觉得烦闷的伟大的变奏曲，现在都能使他非常感动。而最大的收获是：他现在有时间去思想。

他说："有生以来第一次，我能让自己仔细地看看这个世界，有了真正的价值观念。我渐渐明白，以往我所追求的事情，大部分实际上一点价值也没有。"

看书的结果，使他对政治有了兴趣。他研究公共问题，坐着

他的轮椅去发表演说，由此认识了很多人，很多人也由此认识了他。他成为最受欢迎的演说家，并出版了许多著作，可以说是缺陷促使了他的成功。

意志的坚强程度体现出来的就是顽强性。它表现在遇到困难和挫折时，能够迎难而上，困难越大、挫折越多，斗志越旺盛，干劲越足越大，有一种不达目的誓不罢休的决心、勇气和闯劲。一个人如果有这样坚强的意志，往往在困难和挫折面前能激发出无穷的力量和智慧，把自身的潜能充分调动和开发出来，而且以其乐观的态度、必胜的信念鼓舞人心，增强斗志，以卓越的成绩迎接胜利。

跨过磨难那道坎

困难是一个人磨炼意志、提高工作能力和丰富实践经验的最好机会。从困难中，你可以学到通常情况下难以接触到的东西，让自己逐渐变得成熟而勇敢，对工作的处理更得心应手。如果学会了在困境中奋斗，顺境中的事情对你来说都将算不了什么，因为需要的技能和意志在困难中已经得到了磨炼和提高。

小提琴家帕格尼尼是一位苦难者。4岁时一场麻疹和强制性昏厥症，使他差一点进棺材。7岁患上严重肺炎，不得不大量放血治疗。46岁牙床突然长满脓疮，只好拔掉几乎所有的牙齿。牙病刚愈，又染上可怕的眼疾，幼小的儿子成了他手中的拐杖。50岁后，关节炎、肠道炎、喉结核等多种疾病吞噬着他的肌体。后来声带也坏了，靠儿子按口型翻译他的思想。

可帕格尼尼是一位天才。3岁学琴，12岁就举办首次音乐会，并一举成功，轰动舆论界。在他之后的游离经历中，他的琴声遍及法、意、奥、德、英、捷等国。他的演奏使当时首席提琴家罗拉惊异得从病榻上跳了下来，木然而立，无颜收他为徒。他的琴声使卢卡观众欣喜若狂，宣布他为共和国首席小提琴家。在意大利巡回演出产生神奇效果，人们到处传说他的琴弦是用情妇肠子制作的，魔鬼又暗授妖术，所以他的琴声才魔力无穷。维也纳一位盲人听他的琴声，以为是乐队演奏，当得知台上只他一人时，大叫"他是个魔鬼"，随后匆忙逃走。巴黎人为他的琴声陶醉，早忘记正在流行的严重霍乱，演奏会依然场场爆满……

他不但用独特的指法和充满魔力的旋律征服了整个欧洲和世界，而且发展了指挥艺术，创作出《随想曲》《无穷动》《女妖舞》和6部小提琴协奏曲及许多吉他演奏曲。几乎欧洲所有文学艺术大师如大仲马、巴尔扎克、肖邦、司汤达等都听过他的演奏并为之激动。音乐评论家勃拉兹称他是"操琴弓的魔术师"。歌德评价了"在琴弦上展现了火一样的灵魂"。李斯特大喊："天啊，在这四根琴弦中包含着多少苦难、痛苦和受到残害的生灵啊！"

是苦难成就了天才，还是天才特别热爱苦难？这问题一时难以说清。但是，弥尔顿、贝多芬和帕格尼尼被称为世界音乐史上三大怪杰，居然一个是盲人、一个是聋人、一个是哑巴！苦难是最好的大学，只有不被其击倒的强者，然后才能成就自己。

检验一个人的能力最好是在他处于困境的时候看一看是否禁得起困难的磨炼。困难能否唤起他更多的勇气，能否使他发挥更

大的潜力。

贝多芬是世界著名的音乐家，成为德国的骄傲，被后人尊为乐圣，他给人留下了许多不朽的作品。法国著名作家罗曼·罗兰曾对贝多芬的一生感慨万分："世界不给他欢乐，他却创造了欢乐来给予世界。"他之所以这样说，是因为贝多芬经历了常人想象不到的磨难。

贝多芬弹得一手好钢琴，正当他奋发向上，准备向新的高峰挺进时，一场可怕的灾难降临到他的头上，他患了耳炎。这对一个搞音乐演奏和创作的人来说，真是一个致命的打击。他内心受着煎熬，却不愿向别人说出这巨大的不幸，但他的听力越来越衰退，他在田野上漫步时，再也听不到昔日远处牧羊人的歌声和婉转悠扬的笛声。他痛苦至极，他绝望了，甚至给弟弟写下了遗嘱，想结束自己32岁的生命。然而，坚强的意志和对音乐的热爱，为艺术献身的信念，使贝多芬鼓起了对生活的勇气。不能再弹琴了，他就转而把精力都投入创作，专门从事音乐创作。有时为了"听"一下曲子的音响效果，他就用一根小木棍，一头咬在嘴里，一头插在钢琴的琴箱里，通过木棍来感受音乐。就这样，经过不懈努力，患严重耳疾的贝多芬到逝世时，为人类留下了200多部作品，其中有不少不朽之作，如《英雄交响曲》和《命运交响曲》《热情奏鸣曲》等，而这么多作品几乎都是在他耳聋之后创作的。他用音乐讴歌了欧洲人民反抗封建专制的斗争精神，抒发了他们对自由和幸福生活的向往，以他顽强的意志获得了巨大的成功。

把困难看作垫脚石的人，会从困难中体会到快乐和幸福，而把困难看作绊脚石的人，只会从困难中体会到悲哀和失败。在我们身边有这么一些人：他们永远不敢正视困难，对自己也没有任何信心，认为自己做这个不行，做那个也不行，是个彻头彻尾没用的家伙。他们根本无法振作精神，更谈不上与困难面对面地交战。脆弱的心理导致他们禁不起一点点的挫折打击，即使问题出现转机，有了好机会，他们也会因沉浸在消极沮丧之中而难以察觉，而错过这个好机会，很可能就错过了一次成功。可以想象得到，在一个公司中最先被解雇的可能就是他们这样的人。他们需要重新认识一下自己。

一个善于发现自己优势的人能凭借自己的勇气和毅力跨越磨难的坎。在激烈的竞争中，有人靠自己的智慧和能力抢占先机取得了事业上的成功，有人却屡遭挫折和困顿经受着失败的痛苦。成功和失败对于一个人来说总是在变化着。你面对的究竟是失败还是成功，很多时候要看你是否能跨过磨难那道坎。

第五章　强化自我优势：从艰难之路走上成功大道